文經文庫 272

自己行銷

邱文仁 著

文經社
Taiwan
COSMAX
PUBLISHING Co.
Since 1981

自序

做個「有故事」的人

世上最遙遠的距離，不是生與死；而是我就站在你面前，你卻不知道我愛你。

這首泰戈爾的情詩，不只可以用在情場上；有點人生經驗的上班族就知道，這句話用在強調競爭、強調殺戮的職場裡，照樣也適用。

相對於行銷產品、行銷品牌、行銷概念等各類行銷，我認為職場裡最重要、最基本的行銷，就是行銷自己；但職場裡最困難、最常犯錯的行銷，也是行銷自己。

從小，我就是個很「雞婆」的人。因此，長大以後，行銷就成了我最喜歡的工作。

每當我看到一個工作團隊，辛苦研發製作出來的產品，或是腦力激盪出的創意，透過我與同仁們的一起努力推廣，可以讓更多的人分享，我所獲得的滿足，有時我覺得甚至比背後那個賺了大錢的老闆還多。

已過的十一年裡，我都在一〇四人力銀行工作，公司從小發展到大，我也從小企劃奮鬥到行銷總監。有些媒體朋友稱我是「職場達人」，但我對這個頭銜始終不以為然。

別以為我這樣說是像有些女生被稱做是美女，雖然嘴裡說：「我不是美女啦！」心裡的旁白卻是：「你瞎了眼啊！我是宇宙無敵超級大美女。」我不是在假客氣，而是真的不認同自己是個「職場達人」的說法。

十多年來，我明明就都在同一間公司服務，做的也是我喜愛的行銷工作。說我是個「行銷人」，我接受；說我是「樂在工作的行銷人」或「樂在行銷的上班族」，我都接受；但說我是「職場達人」，我覺得就差太多了。

在職場上，職位就像《倚天屠龍記》裡的屠龍刀，大家都想得到。但得到屠龍刀的人，很可能就像書裡的謝遜，成為眾人的公敵，只能藏身「冰火島」。職場裡的冰就是被冷凍，職場裡的火就是被Fire。

二〇〇九年的年底，當我被通知必須離開工作了十一年的公司時，媒體與網路都為我下了個聳動的標題：

被「火」（Fire）了的職場達人。

我還是跟以前一樣，要表明我的想法：

「我被『火』（Fire）了是沒錯，但我是個行銷人，不是什麼職場達人。」

在職場裡，除非你個人掌握了公司過半的股權，否則無論你現在擁有什麼職位，什麼職權，也都隨時可能被「火」掉。一個從來沒被「火」過的上班族，哪能叫職場達人？

鐵打的營房，流水的兵，職場裡非自願的調動與被迫離職，本來就是常態。每一個上班族也都該有危機意識，要時時刻刻不忘「行銷自己」。

對上班族來說，換工作就代表許多事情都必須重來。必須離開熟悉的環境、人際關係與生活步調，這固然是損失；但過去很多沒時間也沒力氣去想、去做、去體會的事情，也都可以藉此機會來改變。

像我就利用那段「空窗期」，勤練外語及學會看懂財務報表，打開了不同的視野，也啟發了新經驗及觀點。

另一方面，我也藉著這次十多年來第一次的被迫轉換工作，深切的體會、反醒；並且還有一點小小心得。職場裡有許多說不出口的秘密，也就是「潛規則」。在行銷自己的過程裡，也要避免自己受到傷害，讓自己能更順利的將自己行銷出去。

最後，我利用這段時間，透過電影與書籍，從歷史中的有趣故事，看到了古人都是如何在行銷自己。

例如孔子就是一個有「個人品牌知名度」的賢才，在周遊列國時，各國君王也都願意給他「聘書」。

在職場上，過去累積的漂亮「資歷」，對於求職是有用的。如果一位求職者擁有值得講的「故事」，就有「需要他的雇主」願意給予機會。

要行銷產品，就要讓產品有故事；要行銷公司，就要讓公司有故事；那麼要行銷自己，需要的是什麼呢？當然就要讓你自己有故事。

這本書，不只是要請你來分享我的故事；也是希望你在看完之後，創造你自己的故事，在職場裡，在生活中，時時刻刻都能行銷自己，做一個「有故事」的人。

行銷自己

[目次]

自序——做個「有故事」的人……002

PART I 求職，是行銷自己的第一步

如果守不住，那就攻吧！……012
我也被「挖挖哇」了……015
專心是個好方法……019
睡飽了，真好……023
我的「職業病」……025
有人總是在默默觀察你……030
主動行銷你自己……033
山不轉路轉，路不轉人轉……037
危險、機遇與忍耐……040
請記住，你還有微笑……044
行銷人的狂熱……048

PART II

做你能的，挑戰你不能的

找律師比自己生悶氣有效 054
我的「雞婆」個性 059
職場上「說話的規矩」 063
財務報表，我來了 066
讓自己更好看一點 068
重新建立人際關係 070
「一直在準備」的人 072
公開演講的能力 076
如何準備演講？ 079
聊天的價值非常高 083
跟比目魚學習職場道理 086
章魚也是偽裝大師 089

不同的生存之道……091
變革的高濃度學習……094

PART Ⅲ 職場裡的潛規則

向「杜拉拉」學習……100
杜拉拉對「好工作」的定義……104
關鍵的「守門人」……111
皇上VS.官僚……115
職場裡的五個「永遠」……118
大嘴巴會危害你的職涯……124
不要期待法律的「保障」……128
職場中真正的保障……133
生涯轉換的勇氣及理性……137
上班族「生涯拼圖」概念……144

PART IV

找出自己的亮點

孔子也是求職者……152
「經營個人品牌」的方法……156
尋找可以實現理想的地方……159
做一個「復原達人」……162
成功的定義……168
前面有更好的工作在等著你……171
找出「亮點」來行銷……174
老祖宗的智慧……182
有效率工作的秘訣……185

Part I

關於工作，我喜歡什麼？
我適合什麼？我應該要盡最大的努力：
選擇所愛的工作，做最好的自己。」

求職是行銷自己的第一步

如果守不住，那就攻吧！

在一個熟悉的環境裡久了，
對周遭的警覺，難免都還是會鬆懈。
一旦「守」不住時，
就必須加強自己「攻」的能力，
也就是努力讓自己「不可被取代」，
這是職場生存必須努力的另一方向。

我不是一個喜歡回憶痛苦的人，也從不願自怨自艾。認識我的人都知道，那不是我的風格。

我之所以會提及自己離職後的心路歷程，只是要與讀者分享求職過程中，可以如何行銷自己而已。因此，我不得不以我的個人小故事，作為本書的開始。

我在一〇四人力銀行工作，從小企劃奮鬥到行銷總監。這些年來，我不只宣傳人力銀行，還用各種方法宣傳人力銀行之外的延伸商品，包括兼差、外包網、家教網、創業網等等子網站。

十一年來，我寫了十六本跟「找工作」相關的書，做過五百多場就業演講及座談會。我寫廣告腳本、拍廣告、上節目，做電視節目、廣播、網路、雜誌、報紙等媒體都長期涉獵，強烈曝光。

我以各種過去很少人做過、創新的方法，來做「人力銀行」的行銷。我的創新思維，也一直得到楊董事長的認同及支持。

或許有人覺得我「曝光率」太高，還是覺得我太招搖，但是事實證明，在行銷費用有限的公司策略上，我跑到第一線去行銷「人力銀行」方法，雖然沒有什麼前例可參考，但確實是個有效的方法，後來也被其他人力銀行仿傚。

因此，我打從心裡感謝，楊董事長十一年來給我行銷上的教導及支持。

二〇〇九年十二月下旬，自西雅圖藝術學院畢業的我，工作之餘一時「技癢」，與日本的同學一起設計了三件T恤，放在拍賣網站上賣。

我從未想過，這件我認為只是業餘「發揮設計才能」的小事，公司竟以此為由，要我離職，而且是立即生效。

因為我的工作內容，原本就包含要大力宣傳「兼差」，所以我覺得自己設計T恤網拍，是可以被老闆們接受的。如果他們不喜歡我這麼做，講一下就好了，我也可以馬上下架。不會嚴重到必須「離職」吧？

一開始，我也跟很多上班族一樣，在公司裡到處詢問，想知道除了這個理由，他們還有什麼其他原因要我走嗎？後來，我收到了高層的電子郵件，他只是簡單扼要的告訴我：

「也許，你離開會比較『圓滿』吧！」

在極端震驚下，我也不得不接受這個事實，就是我也面臨了很多上班族最大的噩夢，「公司要我走路」的這一事實。

二〇〇九年十二月，為了「圓滿」，我黯然地離開了我所深愛，也付出了十一年的公司。

在打包回家的路上，我也想通了。無論公司的大小，也不管你是誰，公司都可以用各種理由叫你走路。只要「關鍵人物」要你走路，你就必須走路。

但「關鍵人物」的想法，並非永遠不變的，因此，你必須時時掌握「關鍵人物」的想法，這才是我們在職場叢林裡生存的不二法門。

然而在一個熟悉的環境裡久了，對周遭的警覺，難免都還是會鬆懈。這一點，我也會犯一樣的毛病。

在職場裡，掌握「關鍵人物」的想法，只是「守」。但無論「守」得怎麼嚴密，終究還是會有漏洞的。

一旦「守」不住時，就必須加強自己「攻」的能力，也就是努力讓自己「不可被取代」，這是職場生存必須努力的另一方向。

行銷自己，不是等你需要求職時才做，而是時時刻刻都要做的。

我也被「挖挖哇」了

我很阿Q的自我安慰：
「我也只是一個『一般般的上班族』，
在不景氣的時代，
發生『一般般的事』，
我的部分播出後，
應該也沒什麼大不了的吧！」
結果……

在二〇〇四人力銀行的最後一週，我接到JET電視台《新聞挖挖哇》企製重遠的電話。重遠說：

「文仁姊，好奇怪喔！你們公司有個自稱是公關部門的人，打電話來告訴我，說你要離職去創業。他還說以後如果節目要邀約，直接邀公關經理上節目就好了。」

現在不是《新聞挖挖哇》來找我了，是我聽了這個「新聞」，先喊了：

「哇！哇！哇！不會吧！我還沒走啊！」

重遠是我學弟，也是多年的朋友。我不想騙他，於是我向他坦承，不是我要離職去創業，而是「公司要我走路」。我說：

「很抱歉，重遠，這麼大的事，我卻還來不及跟你說。我現在只想靜一靜，以後我會再向你詳細說明。」

但身為優秀企製的重遠，馬上對我說：

「文仁姊，來上節目吧！我們《新聞挖挖哇》是第一個邀請你來談失業的。請你答應我，絕對不可以先上別的節目喔！」

我一開始非常不願意，因為離開一家工作了十一年的公司，對我來說，已經是件痛苦、難堪的事。何況不管是什麼理由，被公司炒掉，有很光彩嗎？所以在電話裡，我就告訴他：

「你找別人談失業吧！我現在不適合這話題。」

但是重遠是個就算到了黃河，心也照樣不死的人，他一直不放棄，我們就這樣在電話裡拉鋸僵持了半小時之久，他說：

「文仁姊，你也知道的，現在景氣很不好，如果連你都失業，應該可以安慰到很多相同遭遇的人。就算不幫我這個忙，也該幫幫其他正在失業困境裡的人與他們的家屬吧！」

天啊！重遠，你還真有一套，連天下蒼生的憂患安樂，也推到我這小女子身上了。

回想起來，我當《新聞挖挖哇》的來賓，也已經八年了。我在北部，熱情的觀眾會對我說：

「你是『一〇四』的文仁。」

但我只要一到南部，熱情的觀眾都是說：

「你是《新聞挖挖哇》的文仁！」

我跟這個節目淵源很深，而且我一直認為，挖挖哇的名嘴來賓，總有一天也必須分享自己的辛酸，這應該是一種「挖挖哇」的傳統。

過去我就知道，「新聞挖挖哇」製作人認為，如果「檯面上的人」願意分享自身經驗，應該可以安慰到很多不如意的人，有它的社會意義。

關於這點，我認同。但萬萬沒想到，這麼快就輪到我了。

我無法拒絕重遠，所以很阿Q的自我安慰：

「反正，我也只是一個『一般般的上班族』，在不景氣的時代，發生這種『一般般的事』，我的部分播出後，應該也沒什麼大不了的吧！」

一月五日晚間播出後，我和家人一起看，大家也都覺得，我的表現與平常一樣，沒掉淚、沒發怒，甚至比平日還多了些冷靜。

我鬆了一口氣，我想：

「就這樣吧！從這個節目播出後，這件事就畫下句點了。」

但我「挖挖哇」了，新聞卻不放過我。一月六日早上一起床，電腦搜尋關鍵字冠軍及當天的媒體焦點，竟然都是我邱文仁。

雖然長期與媒體打交道，但事情到了自己頭上，才驚覺原來媒體的影響力，比我平時想得還大。

所以，要與媒體打交道前，絕對要有充足的心理準備。真正的壓力不在上節目前的緊張，而是下節目後的持續效應。

當然，如果你評估後，還是無法確定自己能不能忍受媒體帶來的壓力，那麼最保守的做法，還是不要上比較好。

專心是個好方法

據說，
最滿意這場講座的不是我，
也不是聽眾，
而是主辦單位。
我想他們一定也大大鬆了一口氣，
當天的主題沒被八卦散了焦。

坦白說，我到現在都還有點不解。我的離職，不該引起如此大的騷動。在談話節目裡談失業的名嘴，我不是第一，也絕不會是最後。

一月六日，就是節目播出的第二天，早上六點四十分，我就必須趕著出門了。當天早上十點半，我在高雄義守大學，還有一個「職場競爭力」的演講。一夜沒睡飽，大清早就迷迷糊糊上了高鐵的我，還渾然不覺，我儼然已經是一場暴風雨的核心。

到了高雄，主辦單位的人來左營站接我，順利到了義守大學。

雖然途中隱隱覺得有點不對勁，但是我認為：

「離職就離職，我在節目上沒講甚麼特別的內容，也沒攻擊誰？純粹分享經驗，應該沒甚麼吧！」

我很清楚，身為演講者，我「絕對不可以」打亂主辦單位的目標。我一定要專心、要專心！上台後，我告訴聽眾：

「對，我已經離職了！但是謝謝你們還是願意來聽我講課。讓我們暫時忘記八卦，這樣我就能專心的把這堂課上完，各位也可以聽到你想學的東西，好嗎？」

大家都點頭，於是我很專心的講完原來準備的內容。

演講結束後，主辦單位還派人開車送我到高鐵左營站。我吃了個中餐，在左營站的星巴克裡。

突然間，我接到以前代言手機的黃總經理的電話，她笑著說：

「你的事情好像很有趣，找個時間坐下聊聊吧！」

這是認識的人，還好。一會兒，又有個不認識的人，遞了名片給我說：

「加油，要常來高雄喔！」

星巴克的服務人員也對我很好，問我：

「邱小姐，你怎麼有空到高雄？」

雖然她的語氣很自然，但我總覺得怪怪的；我是專程來高雄演講的，不是很「有空」啊？

上了車，我好好的休息了兩小時。坐高鐵手機不能通，以前總覺得是個困擾，現在忽然變成一種幸運，這給了我一點休息的時間。我告訴自己：

「我一定要撐住！」

因為當天晚上，我還有一場求職面試教戰講座。是「三十講堂」改版的第一場。

我曾在《三十雜誌》寫過三年職場專欄，有固定的讀者，據說已經報名爆滿。

大約六點鐘時，我到了三十講堂。工作人員看著我，表情比平日都複雜，似乎是又關心、又憂慮。我告訴「三十講堂」的工作人員：

「別擔心，我一定會把場子顧好，不會讓你們為難的。」

其實，我的精神及體力，在那時都已經有些累了，但是我告訴自己：

「絕對不可以砸鍋！我不可以因為自己狀況不好，影響到主辦單位。」

七點鐘一到，輪我上場了。我很坦然、也很平靜地告訴聽眾：

「我知道外面有很多八卦。但是，各位是來跟我學『求職面試』的，請大家幫我把它好好給講完！雖然我失業了，但是我仍然是很好的求職老師，請大家務必幫我把今天這場演講做好。」

大家都很配合，現場安靜下來了；但我還是發現，大部分觀眾的微笑裡，依然是難掩些許的八卦。

可是我不管這些，我更要專注於目標。

當天，我傾注全力，比往常更用力的講完了「求職面試」的要領，再一一回覆觀眾的問題。

結果也很妙，大家問了一大堆問題，但真的沒有人問我離職的八卦。每個人，都專注於原來的主題「求職面試」，我很感動。

據說，最滿意這場講座的不是我，也不是聽眾，而是主辦單位。

我想他們一定也大大鬆了一口氣，當天的主題沒被八卦散了焦。

所以，我跟「三十講堂」的緣分，應該還可以繼續下去。

這個經驗也提醒我，專心是個好方法。而專業就是：務必把你眼前的事做好。千萬不要因為私人情緒，影響到工作目標。

睡飽了，真好

慶幸自己發現累了，
就能不鑽牛角尖，
放自己一馬。
一覺醒來，
我只感覺到：
「睡飽了，真好！」

演講結束，回到家時，已經是晚上十一點多了。

我的政大學長，也是我過去的客戶，某大科技公司的人力資源大主管竟然到場，很熱心的送我一程。

當時我真的很累，實在無法跟他多聊點什麼。但我心裡卻反覆在說：

「謝謝學長，在我需要的時候，能陪我一程，我會記得你的照顧。」

到家後，我打開手機。哇！幾十個留言，幾十通簡訊，而且個個都要我回電。

不過，忙了一整天，我真的累了。我沒仔細聽留言，也不看簡訊。我累翻了，我只想睡覺。

身為人力銀行行銷公關主管十一年，過去一直秉持楊老闆的指示：

「公關主管對媒體的邀約，無論大小，一個都不能漏接。」

所以，除非在演講或上節目、開會，兩支手機我二十四小時都會開著。

十一年來頭一次，我知道，我已經卸下公司的品牌任務，我可以任性的不接電話。我要先睡覺，一切都等明天再說吧！

一月七日，破天荒地我睡到早上十一點，好像比「日上三竿」還多了兩三竿。雖然有點小小的罪惡感，但也慶幸自己發現累了，就能不鑽牛角尖，放自己一馬。一覺醒來，我只感覺到：

「睡飽了，真好！」

無論天大的難關，只要你還能睡能醒，醒來後必然又是一條好漢。

我的「職業病」

我離職後，
已經卸下公關主管的責任，
我明明就可以不接手機、不上節目，
但是我仍不由自主的不斷接受採訪。
唉！這就是我的「職業病」。
而且我還知道：「我病得不輕！」

當一月五日深夜，JET電視台的《新聞挖挖哇》播出後，我本以為坦白承認自己的難堪，就像其他曾經在該節目裡分享失業經驗的名嘴們那樣，已經為這件事畫下了一個句點。

但我沒想到，我的句點，卻立刻成為媒體追逐的焦點。

由此可見，人在職場裡無論多老練，遇到要判斷與自己相關的事情時，句點與焦點也會分不清，最後變成了許多盲點。

而且這時候我才赫然發現，我的發言人「職業病」有多麼的嚴重。

十一年來，身為人力銀行公關、行銷的主管，楊老闆對我的教育是：

「公關主管對媒體的邀約，無論大小，一個都不能漏接。」

所以多年來，我兩支手機是二十四小時開著，除非我在上節目或開會等無法接電話的狀況，即使在約會，我都不想漏接。這種職業習慣，讓我被跟我約會的朋友罵到「臭頭」。但我依然堅持：

頭可臭，電話不能漏接。

過去，就算是我週末，一大早接到電話，我還是會馬上跳起來接受採訪。

楊老闆的叮嚀：「公關主管對媒體的邀約，無論大小，一個都不能漏接。」已成了我的職務上應有的態度，不知不覺中也變成了我根深蒂固的生活習慣。

我離職後，已經卸下公關主管的責任，我明明就可以不接手機、不上節目，但是我仍不由自主的不斷接受採訪。

唉！這就是我的「職業病」。而且我還知道：「我病得不輕！」

我的「職業病」，讓我還是像以前一樣，只要媒體多「盧」一下，我就會勉強配合媒體，讓別人軟土深掘。

真的，我一點也不想當「土」，但我一時也改不了。

「面對鏡頭回答問題」，已經變成我的本能反應。十一年來，無論什麼疑難雜症，我從來不閃躲。

幸好，雖然媒體總喜歡以辛辣的角度報導以創造收視率，有時候也會寫出和我原意不同的話。但我深深感受到，大部分的媒體記者，其實還是對我很友善的。

我想，這應該也是過去十一年來，我在工作上和媒體長期的友善配合有關。我覺得，不管媒體報出來的內容，我是否完全認同，反正，不論是站在媒體或受訪者的立場，都是為了「順利完成眼前的工作」罷了。

這樣一想，我心裡也就很坦然了。

相較於別人，我是比較不怕媒體的。即使媒體報導出來的內容，不見得完全令人放心，但是身為公關人員，仍然可以盡力讓媒體往「比較可以認同」的方向去處理。

過去我做公關發言人時，一直把媒體記者當成好朋友。我體諒好朋友的工作目標，不管面臨何種議題，我盡力與他們友善互動，以達成企業公關及媒體雙方的目標。

就像過去在處理企業的公關事件，這次我沒有太多的時間思考。但我也清楚，必須以專業成熟的手法來處理。

於是，我把這次的事件，當作個人的「危機處理」了。

我不要辜負我過去十一年公關主管的經驗！不怕、不閃躲、冷靜面對。

其實這是我的職業病，但是這種磨鍊出來的職業本能，未嘗不可以用在自身的事件呢？

不出我所料！在我離職的消息引發媒體衝向我時，即使是過去跟我互動愉快的媒體記者，也會收起同情心，一直導引我的發言往有「爆點」的方向前進。

我知道如果我沒有提供「爆點」，記者回去很難跟編輯台交待的。所以，在這段過程中，我可以感覺到媒體記者都很希望我爆出跟前東家的「料」，或是希望拍到我哭泣或激動的畫面。

十一年的公關生涯，雖然「讓媒體得到滿意的素材」，一直是我引以為傲的工作，但是，我並不願意媒體播出「違背我意願」的話語及畫面。

所以這次，不管在什麼問題壓力、什麼媒體導引之下，我都堅守著以下表達這三項內容：

①我承認，是公司要我走路，不是我主動要走。

②我很意外，也很難過。

③我開始找工作了，謝謝大家的關心。

有些媒體也許會感到大失所望，他們總希望我能「配合演出」，因此他們都一致覺得：

「怎麼這次邱文仁的『梗』沒了？」

我能理解他們跑新聞的辛苦，以及面對長官的壓力，但我也只能告訴這些好朋友們：

「從現在起，我已經不是企業發言人了。這一次，我只代表邱文仁自己。」

這些年來，擔任公司發言人，我的責任是：「媒體找，就不可以漏接！」雖然這是很大的壓力，但壓力也就是進步的動力。

這些工作中學習到的職能及經驗，正好可以應用在個人生活上，很多名人雖然經常活躍在麥克風及鏡頭前，但遇到與自己切身利害有關的「大事」（其實在外人看來依舊是小事），還是免不了會亂了方寸。

在這個時候，除了想好自己要表達的內容，謹守自己的發言方向與尺度，似乎也沒有更好的辦法了。

有人總是在默默觀察你

很多人吃飯、聊天的輕鬆場合裡，
也可能有人在默默觀察你。
這個默默在觀察你的人，
會不會是你的貴人，
關鍵有時在他，
有時也在你身上。

二〇〇九年十二月離職後，我碰到一件意外的事，也讓我低迷的心情得到轉機。

這位陸資企業年輕的女老闆李總裁，在我離職前不久的二〇〇九年十一月，透過老朋友郭騰尹老師的介紹而認識，我曾幫過她一點小忙。李總裁見到我就說：

「那天聽幾位台灣朋友談過你，也看過你寫的書，很喜歡。未來是否有機會，跳槽到大陸工作？」

這位女老闆豪氣干雲，我也很喜歡她直話直說的個性。但在那時，我從沒想過會這樣離開一〇四。所以我告訴他：

「如果我離職，會提前兩年跟老闆講。所以，你至少要等兩年。」

我說完後，她哈哈大笑！但她卻好像會預言一樣，說：

「我才不相信一個人離職需要兩年……」

當時我心裡雖感謝她的厚愛，但心裡的旁白卻是很多年前的一首情歌：

「其實，你不懂我的心……」

本以為我們的緣分就這麼一天。沒想到一個月後，我被告知要離職的當下，意外的接到李總裁的手機簡訊。

簡訊上說想招待我去大陸玩，說不定要請我幫忙寫一本書。

當時心情無比低落的我，只想到趁此機會散散心也好，於是就接受了這八天的邀約。

這八天中，李總裁帶我去了很多地方，也製造很多機會，讓我和她的同事聊天及吃飯。因為大家都對我很好，我陰霾的心情也漸漸的散去。

最後一天，她帶我去參加了一個聚會，我還因此碰到了連續兩年和我一起出席手機代言的黃舒駿老師。他一看到我就大叫：

「文仁，你怎麼在這裡？」

在異鄉碰到老友，更感親切。

到了半夜兩點半，在我住宿飯店對面的「上島咖啡」，李總裁突然掏出一張「工作意向書」（聘書），上面寫：

「尊敬的邱文仁小姐……」

我的天，他竟然給了我一個「總經理」職務。她說：

「我的同事都很喜歡你，我也需要你過來幫忙……請你考慮看看！」

原來被媒體冠上「職場達人」的我，被人面試了八天，而我竟然還渾然不覺？

在職場裡，廣結善緣的人，機會自然比較多。縱然是在很多人吃飯、聊天的輕鬆場合裡，也可能有人在默默觀察你。

這個默默在觀察你的人，會不會就是你的貴人，關鍵有時在他，有時也在你身上。

主動行銷你自己

經歷這個事件後，
也許現在的我，
才開始正式邁向「職場達人」之路。
當然，你要叫我「求職達人」也成。
因為我原本就這樣想的：
求職，就是「行銷自己」的第一步。

其實，在離職前的最後一週，當我告訴跟我合作的某大報主管宋先生，我必須將進行到一半的合作案，交接給其他同事的這一消息時，宋先生就已經熱情的給了我一個職務。

我雖然感激，但也無暇多想，立刻婉拒了他。

這次，陸資老闆給了我一個「總經理」職務，我始料未及，但著實也有點動心。

動心的原因既不是因為總經理職務，也不是因為高薪。而是去年我在媒體上說過：

「未來有不少求職者，可能會在陸資企業上班。」

如果能親身印證這個時代的浪潮及趨勢，如果我可以成為「兩岸最溫柔的使者」，這是李總裁用來說服我的話，我覺得很感謝，對於「兩岸最溫柔的使者」這個角色，好奇的我一聽就已經充滿著想像。

後來，又陸陸續續「冒出」很多新的機會。

玉珊的出版社要我加入、yes123的盛情邀約、一位過去的對手邀我合開公司，還有雄獅旅遊的王文傑董事長，在看完高文音主持的年代新聞《聚焦360》專訪我以後，馬上傳簡訊給我，希望我三月前不要做任何決定。

不只是主動來找我去工作的邀約增加了，更意外的是，連演講的邀約也變多了。

在此之前，我最擅長教的，就是「求職面試」。但是在經歷離職事件後，邀約變多的卻是「分享職場的心路歷程」。這對喜歡嘗試新奇事物的我來說，也是充滿挑戰的。

有人說我的遭遇是「因禍而福」，但職場與人生的其他領域都一樣，有情人不見得終成眷屬，成眷屬的也不見得終是有情人；世事難料，同樣一個環境，在當事人眼中是禍是福，也只是一念之間。

我不會太在意被迫離職究竟是禍是福，我只覺得，既然命運讓我意外的結束了職涯的第一回合，我就必須要冷靜的思考，怎樣開始我的第二回合。

我也很感謝在外貿協會上課的學生陳振中同學，他告訴我：

「老師，你不要管外界怎麼想，也不必勉強自己扮演職場專家，因為現在的你，已經不背負公司品牌責任。現在的你，只需好好照顧你自己。」

這真是教學相長，我很感謝他對我的提醒。對現在的我來說，應該要冷靜的想一想：

「關於工作，我喜歡什麼？我適合什麼？我應該要盡最大的努力：選擇所愛的工作，做最好的自己。」

然而，對於我離職的原因，外界仍有諸多揣測。

與我長久互動的許多人資界朋友，以及看盡人生百態的媒體先進，都充分發揮了他們的福爾摩斯精神，提供了我十幾種可能性。網友竟然也拿了我早就跟公司簽了「合作備忘錄」的桌曆大作文章。

太多的推論，讓我心中一團迷霧。不過，不管真正的原因是什麼？我寧可只相信老闆給我的單一理由。

因為，不管真正的理由是什麼，離開就離開了，這是無法改變的事實。

對我來說，當時的狀況就已經是糟到不能更糟了。現在再來告訴我，什麼才是真正的理由，也沒有任何差別了。我唯一該做的就是：

「休息夠了就出發！」

其實我一直想做的就是「行銷人」，而不是媒體給我冠上的「職場達人」。我朋友笑稱：

「從來沒被『火』過的上班族，哪能叫職場達人？」

所以，經歷這個事件後，也許現在的我，才開始正式邁向「職場達人」之路。

當然，你要叫我「求職專家」也成。因為我原本就這樣想的：

「求職，就是『行銷自己』的第一步。」

在跨公司的合作機會裡，其實隱藏了許多未來的、更好的或更適合你的工作機會。珍惜每一個工作時接觸的對象，對人、對事，樂觀思考最重要。

真的，只要你不放棄自己，任何事情的發展，總會比你想像的好一點。

山不轉路轉，路不轉人轉

職場雖然看似廣闊，
但換工作最有可能去的地方，
除了同業，還是同業。
所以，要跳槽同業之前，
可能與前公司會有競業條款的束縛，
還是要搞清楚再進行。

JET電視台《新聞挖挖哇》播出後隔天，我接到yes123求職網洪雪珍經理的留言，要我回電。

呃！有點小尷尬。yes123求職網，是我在一○四服務時的競爭對手。我想，我想，想了很久，最後的決定還是：

「明天再說吧！」

又過了一天，我親手接到了洪雪珍經理的電話。看來是逃避不了的，我只好誠實的告訴她：

「我是一○四之前的高階主管，可能會有『競業』的限制，我希望先取得前公司的同意，再來跟yes123求職網聊聊。」

洪雪珍經理聽了後，竟然笑著說：

「你怎麼這麼老實啊！我不是要打聽你公司機密啦！」

不過她也說，她可以體諒，可以等。

於是我打電話給前公司管理部蘇總，請教他能否與 yes123 求職網聊聊，他說：

「公司對你是沒有什麼競業條款的束縛，不過希望你不要與競爭對手談到一〇四公司的機密。」

這是一定的！如果有人想跟我談這些不合職場倫理的事，那不只是看錯了我，也是看錯了自己。

於是，我跟洪雪珍經理見面了。她開門見山的說：

「yes123 求職網老闆，希望你立即過去工作，看你想做什麼，都可以談喔！」

哇！我一時間不知如何表達。我就跟洪經理說：

「謝謝您們，但我還沒想到立即上班的事。這樣好嗎？我先代言 yes123 求職網，廣告標語就說：『山不轉路轉，換個地方找工作！』」

我只是隨口建議，沒想到竟然成真。與洪經理見面第二天，我就進了攝影棚，拍了廣告定裝照。

接著，這一則平面廣告，就在《自由時報》連續刊登了三十天，每天都以半版的版面刊出：

「山不轉路轉　換個地方找工作！邱文仁的求職 yes123 步驟！」

廣告之外，還有記者會、在 yes123 求職網的首頁廣告、新增的 yes123「職場進化論」部落格，還有報紙專欄等等，這一切都發生的好快，快到我無法想像。

我不知道事情發展至此，我是該哭，還是該笑。我只知道，事情來了就坦然面對，好好處理。

職場雖然看似廣闊，但換工作最有可能去的地方，除了同業，還是同業。

不過要跳槽同業之前，必須先考慮可能與前公司會有競業條款的束縛，跳槽之前還是一定要先搞清楚再進行。

危險、機遇與忍耐

把「危機」拆開來看，
就是「危險」和「機遇」。
原來，我們的老祖先早就透過造字，
試圖讓後人瞭解：
「機遇」總是在「危險」中產生。

二〇一〇年二月二十七日，我到台南的成功大學演講。在最後與聽眾互動的時候，有一位學生問我：

「這陣子你經歷了意外的職場變化，心情如何？可以分享一下嗎？」

當時現場擠的滿滿的，連地上、門外都坐滿了人。

不意外，當我被問到這個問題時，大家都不約而同，微笑看著我。我坦白告訴成大的學生：

「危機出現時，一開始，真的很不好受！但是，我是一個不會一直沉浸在自憐情緒的人，我更不必反覆自問『Why me？』，我也不想再抱怨這一切對我不公平，因為那根本沒有意義。」

我的第一步，是先調適我的心情。因為情緒不好，只是讓周圍關心我的人更擔心。這對關心我的人，才是真的不公平。

當我奮力的調整情緒後，很快的，我的第一個代言合約 yes123 求職網就來了。

後來又來了第二個、第三個不同行業的代言邀約。而且，許多意想不到的工作機會紛紛冒出來。

所以，我到了三月，就決定來個大跨行，進了雄獅旅遊集團，擔任品牌行銷總監。

這真是一個很奇妙的過程！

我們的老祖先，早就創造了「危機」這個詞。現在看來，這兩個字的組合實在很妙。

把「危機」拆開來看，就是「危險」和「機遇」。原來，我們的老祖先早就透過造字，試圖讓後人瞭解：

「機遇」總是在「危險」中產生。

西方人也有類似的諺語，就是「當上帝關上一扇門，同時打開一扇窗」。不分東西方，祖先都想告訴我們：

「危機就是轉機」。

雖然知道這個道理，但是當你忽然碰到了危機，還是會很難受的。所以親身體會危機時，最難的地方，還是得快快克服「不好的情緒」。那種不好的情緒，會遮蔽你的雙眼，讓你亂了方寸。

如果你因此心神大亂，把精力放在氣憤那些落井下石，或謠言中傷你的人，你就會再次中了敵人的圈套。

灰心喪志的失敗表現，正是那些背地裡製造事件，想從你的失敗得到利益的人「最期待看到」的結果。

對於那些替你製造危機的人，別讓他們感覺自己有能力傷害你，而感到幸災樂禍。

我認為，當一個人遇到危機，就是考驗忍耐力的時刻。沒有「忍耐」克服情緒波動的能力，就沒有重建的力量。

當蒙受打擊時，悲傷是毫無意義的。一開始你可能會感到筋疲力竭、無精打采，這時第一件要做的事，就是要趕快擺脫這種情緒的波動。

我的方法是：乾脆坦然接受現實。別讓太多人插手你的不如意，因為大多數的人根本幫不上忙。

我知道，即使是最富同情心的人，也寧願陪伴勝利者。你只能向真心關心你的人，稍微訴訴苦。

當你的生活產生劇烈變化時，也許你也可以嘗試無動於衷。設想你現在經歷的一切，只是別人的生活，是別人的悲哀。或者假裝那只是你生命裡，一個很難抹滅的記憶。

當局者迷，旁觀者清。我們若是局外人，就能給別人最合適的建議。所以，把自己當成局外人，可以讓你保持冷靜，也是一種鍛鍊「忍耐」的方法。

「忍耐」是我們探索個人成長時必須具備的特質。「忍耐」是可以透過自我學習，而不需藉由外力就能實現的目標，也是一種精神力量。

透過「忍耐」，讓我們經歷危險時更冷靜，因此能迎向新的機會。

請記住，你還有微笑

求職與應考一樣，
如果你要找工作，
就一定要瞭解企業端在想什麼。
你們可以誤解我，
但你一定要耐心聽完我在說什麼，
因為這些才是你求職前真正需要的預備。

上JET電視台的節目《命運好好玩》時，主持人篤霖哥送了我一本他的著作：《愛的逆轉力》。

他在書裡提到：「現實事件的問題，是『愛的靈魂』在提醒我們晉升！」篤霖哥提到「危機就是轉機」。遇見危機時，我們會以探索自己來提升能量，當能量一提升，問題就出現轉機。

坦白說，在《新聞挖挖哇》播出後的那二十天左右，我就真真實實的在體會這個「轉機」的過程。

這感覺很奇特，也很過癮，相信即使在我年老色衰後（可能有人認為我從未「盛」過，但沒關係，這時候相信自己比相信別人重要），依然會是我難忘的回憶。

在預錄談我離職的那集《新聞挖挖哇》時，因為我講的很「平」，我完完全全沒有預期，我的離職會變成一個新聞話題。

但一月五日的節目播出後，排山倒海的壓力馬上襲捲而來，這絕對是我從小到大沒經驗過的。

對於困難，我的個性是不喜歡閃躲的，我本能的反應就是「面對」，沒想到一面對反而造成更大的壓力。

最大的壓力，當然還是來自於許多「媒體」的追逐。

在新聞一出來的第一時間，我必須說，最先替我加油打氣的一群人，就是過去我認識的記者及節目製作人。

在一月六日我到高雄義守大學的演講前，我甚至還不清楚外面發生了什麼？第一個打電話給我的就是何戎。我告訴他：

「抱歉！我一分鐘後馬上要上台演講，不能多聊……」

基督徒的何戎沒多說什麼，只是堅定的告訴我：

「沒關係，你先忙！我會為你禱告的。」

接下來的十二個小時，我收到了七十個簡訊，其中有五十個是媒體朋友。

我得到那麼多來自媒體朋友們的打氣，我能閃躲採訪嗎？但是我必須說，每一次受訪，都讓我耗盡能量，疲憊至極。

關心也好、問候也好、幫忙出點子也好、代為打抱不平也好，朋友，尤其是媒體朋友，在這個時候的來電，對必須面臨變局的當事人來說，或多或少還是一種壓力。

但何戎電話裡的那句「我會為你禱告的」，卻讓我至今依然感激。

另外一個壓力，則是來自前同事。

有朋友告訴我，有位前同事在她的臉書上，竟然對我公然侮辱，然後又匆匆拿掉。但是已有網友把她不實的訊息大量傳出，對我一定會造成傷害。

剛得知這消息時我很疑惑，她跟我無冤無愁。我離開的那天，還跟她揮手說再見呢！她這麼做的目的何在？還是我曾得罪她而不自知？

前同事中，也有很多我仍想念的人。一起工作十一年啊！大學都可以唸三個了的同窗情誼，我多想打電話跟你們聊天，一如往常，但是……

我知道，現在你們接到我的電話，可能會緊張吧！我想還是算了。當我想念你們時，就上「開心農場」，去你們的菜園偷菜。你們菜園裡被偷了的每一顆菜，都是我對你們的思念與不捨。

最後一個壓力，就是在網路上那些誤解我是「永遠幫資方講話」的陌生鄉民。

他們覺得我被資方「火」了就很興奮，似乎有著「落井不下石，枉費是鄉民」的心態。

不過這些陌生的鄉民們，你們誤解我沒關係，但你們曾完整的聽過我講話嗎？我是一個教人如何求職面試的老師，為了讓求職者了解就業市場，我有時必須以資方的觀點說明求職市場，這是必然的。

你去參加考試，我是補習班老師，我當然要教你命題者可能會出什麼題目，而不會浪費時間去談你想會考什麼題目，或是我想要考什麼題目。你想什麼，我想什麼，都與你要參加的考試無關。只有出題者要考什麼，才是我該講的，也是你該聽的啊！

求職與應考一樣，如果你要找工作，就一定要瞭解企業端在想什麼。你們可以誤解我，可以非理性的罵我是「資方打手」，但你一定要耐心聽完我在說什麼，因為這些才是你求職前真正需要的預備。

雖然必須面對三種不同的壓力，但我始終選擇微笑坦然面對。然後，許多人生的轉機就來了。

當你什麼都沒有時，請記住，你還有微笑。

行銷人的狂熱

我不會因為他人一時的誤解或否定，
而否定我過去十一年的快樂與學習，
就算面對殘酷的惡意攻擊也一樣。
我始終相信，幫別人找工作，
就像幫人作媒一樣，
永遠是一件很有意義的事。

當我離職前的那段期間，我很感激我身邊的人，並沒有對我落井下石。不過，我也很自動的，與身邊長久共事、我珍惜的夥伴保持距離，以免造成他們的困擾。

我認為就算我必須離開這家公司，這間公司對他們而言，仍是一個長久付出過、獲利佳，福利不錯的公司，他們「沒有必要」因為我個人的事件，而改變任何事。

而且，幫別人找工作，本質上就是一件很有意義的事。那美好的仗我已經打過了，該跑的路我已經跑盡了。過去我們曾經攜手走過，這件美好的記憶，是永遠不會改變的。

我感激我身邊長久共事的同事，與你們一起工作，創造過許多紀錄，這將是我永遠也不願意忘記的美好過程。

但在網路世界裡，不敢奢望雪中送炭的人，能在落井下石的時候，挑小一點的石頭就很幸運了。新聞出來以後，某些網友質疑：

「怎麼邱文仁也會被『火』呢？」

這種「石頭」還算是小的，有些人甚至非常惡意的說：

「我倒要看看，職場達人沒有背後的公司招牌，她要如何『達』下去？」

關於這種「石頭」，坦白說，我倒是一點都不擔心。

多年來，我一直認定我是個行銷人，我打從心裡喜歡行銷，特別是對「品牌行銷」這件事，我想我應該是有點天分，也有點狂熱的。

我真的喜歡我的工作，每分每秒，我腦裡想的都是「怎麼幫公司行銷？」

自從多年前媒體開始稱我為「職場達人」，把我定位為「人力銀行品牌代言人」後，坦白說，我還真的就像少了蠻牛的苦命老公，很「累」很「累」的。

你想想看，到處都是本公司的求職會員，或滿街都是本公司企業客戶時，當品牌代言人的我，日子有多辛苦？

明明辛苦了一天下班，我踩著高跟鞋，腿已瘦到好像不是自己的，搭捷運時明明看到有位子，還是不好意思一屁股坐下去。雖然我的腳不斷向大腦抗議，大腦好像還是在對腳解釋：

「不能坐太快，要確定沒人坐才能坐。不然有會員會說：『你看！人力銀行的代言人在跟人搶座位！』這樣會羞羞臉！」

去買個東西，明明很想跟店員殺價，但對方只要說：

「我是你們人力銀行的客戶喔！」

沒辦法，這就是我的「罩門」。聽到這句話，我就必須識相的乖乖買單。

出國旅行時，經常還要面對旅行團團友的客訴。他們不是抱怨找不到工作，就是抱怨找不到人才。就是去餐廳吃飯，也要碰到同樣的狀況。

我也付了團費，付了飯錢。但我好像整天都一直在做客服，在處理客訴。

不當「職場達人」，很好；不當「一〇四代言人」，更好。沒這些頭銜以後，我的日子輕鬆多了。但你可能會問我：

「那你為什麼要寫書、演講、上電視？國語說，你這叫活該；台語說，你這就叫死好。」

活該也罷，死好也罷，關於這點，要解釋我為何如此，還是要回到我喜歡的「行銷工作」。

行銷「人力銀行」的產品，和行銷其他「有形體」的產品不同。

我以前在鎮金店工作時，把產品（金飾、鑽飾）拍拍照，取個好名字，寫寫新聞稿、辦個秀，比較有前例可循。有「形體」的產品，比較好行銷。

但是「人力銀行」的產品，是線上「虛擬」的求職、求才服務。我是公司的行銷人員，我無法拍美美的產品照片吸引使用者，也沒辦法給產品命名。而且，一〇四是台灣第一家「人力銀行」，我要如何行銷「虛擬」的求職、求才服務？根本沒有參考的對象。

所以，我一開始想出來的方法，就是「演講」。

十一年前，當台灣人對上網這件事都還不是很清楚時，我就已經站在高雄的SOGO百貨公司高高的檯子上，教大家什麼是「網路求職」了。

我還記得我在台上說得口沫橫飛，台下卻有個歐吉桑，滿臉好奇的邊聽邊吃霜淇淋，我很害怕他吃到「加味」霜淇淋。

我還記得那時有些學校，要求我們去說明何謂「網路求職」。因為當時多半沒有講師費，也沒有別人肯去，只好每次都由我去。

我還記得有個週末，在淡江大學營隊一整天，只拿社團補貼的五百元車錢，我願意貼錢去講「網路求職」，公司沒補休、沒加班費也不在乎。

我覺得這就是「狂熱」，一種屬於我莫名其妙的「行銷人的狂熱」。

這種狂熱，也是我工作快樂的原因。

我不會因為他人一時的誤解或否定，而否定我過去十一年的快樂與學習，就算面對殘酷的惡意攻擊也一樣。

我始終相信，幫別人找工作，就像幫人作媒一樣，永遠是一件很有意義的事。無論別人怎麼誤解，怎麼否定，都無法改變這件美好的事實。

Part II

做你能的，挑戰你不能的

人生的極端事件，
讓人有著多重戲劇性的「高濃度學習」。
「當被意外地丟出舊原點」時，
我的「高濃度學習」是什麼呢？

找律師比自己生悶氣有效

一直對「人性」還滿有自信的我，
卻對網路上的匿名或化名攻擊，
很不能接受。
但我很慶幸，有律師得以請教。
面對不實攻擊，
找律師比自己生悶氣有效。

二〇一〇年二月，到世界電視台上蔡詩萍大哥的《2100從心看世界》時，詩萍哥拿了刊登了我的照片的報紙，談起失業議題。

哇！好大一張照片，一個掩不住滿滿失意神情的我。

呃……超尷尬的。但這可是節目現場呢！

燈打在我臉上，鏡頭對著我，我也只好面對。我苦笑告訴詩萍哥：

「有網友酸我，職場達人被『火』了，看你怎麼活下去？」

但詩萍哥聽了哈哈大笑，回說：

「你沒聽過『三折肱而成良醫』嗎？」

我不禁也哈哈大笑。

但真的要被「火」三次才能成為達人，那又太恐怖啦！

十一年沒換工作的我，真的沒有資格當「職場達人」。而且，我最喜歡的領域其實是「行銷」。

喜歡「行銷」領域的人，對任何媒體，都會希望親身體會參與才算完整。而我很幸運，我有這些機會。

被「火」了，也讓我有許多啟示。

最重要的啟示，就是「家人、朋友好重要。」

過去非常醉心於工作的我，當失去工作舞台時，心中也難免會有恐慌的。

我曾寫過一篇「堅強的女人最吃虧了！」，文中有探討過職業婦女為了憑實力往上爬，所以精神總是處於緊張的狀態；而且工作時間也很長，較難獲得一般男性感情上的青睞。

這樣辛苦下來，如果有幸獲得職場上的一席之地，也許當下不覺得孤單，而且還頗能自得其樂。

但是，如果工作出現難以解決的壓力或失落，就會感到特別的無助及不值得。

唉！沒想到一語成讖。

在這次事件中，我可以快速走出陰霾，家人、朋友給我最大的幫忙。

以前對我好嚴厲，非要我出人頭地不可的老媽，竟然一改過去的風格，不但沒有給我任何壓力，反而給我最大的溫暖。她的方法是：

每天餵飽我，不唸我。她還叫我不要工作一陣子，這……真的讓我太、太、太意外啦！

老爸則是每天在我房間，插一朵他親手種的玫瑰，讓我滿室芬芳。

朋友的打氣也很多。

我的好友，華爾街美語Katherine，第一時間給我簡訊，要我趁空檔多讀英文。讀英文一向是我安定情緒的好方法，謝謝你。

我的大學室友，二十年來一直在我身邊的諸律師，又像及時雨般，全程在法律面給我建議。

我的獵才顧問朋友，隨時給我新的工作機會，讓我很放心。

我的許多媒體朋友，一直替我打氣。Annie馬上要請假陪我去泰國，Alice馬上打電話要我去住她西雅圖的家「避難」。

很多同學每天在部落格、臉書上替我加油。

還有不具名，一直給我溫暖建議的你們。好窩心！

我很慚愧，對於家人、朋友，我過去付出太少，但你們這次給了我太多。

以後，我會知道，工作再忙，也要留時間給家人、朋友。因為家人與朋友，才是我最最珍貴的資產。

第二個啟示及學習，是如何看待匿名攻擊。

一直對「人性」還滿有自信的我，卻於網路上的匿名或化名攻擊，很不能接受。

如果是譏諷我是「職場達人被火」，我還可以接受。但自稱知道真象的路人爆料，我認為十分卑鄙。如果你講的是「事實」，為何要用假名呢？你的目的只是要好事的網友轉貼，藉以傷害我名譽罷了。

偏偏留言者的語氣，跟一位我很熟的前同事平日講話語氣超像的。他到我部落格留言，很氣人。我忍不住回他：

「我知道你是誰。想想我對你也不錯，你何必這樣呢？」

以後，他變本加厲，開始化名在網路上爆料。

我愈看愈生氣，終於找了律師發表警告聲明。在發表聲明的第二天，網路的轉貼立刻就少了三十萬筆。這麼有效喔！我嚇了一跳。

不過一位網路前輩給了我中肯的提醒。她說：

「網路上的匿名留言，又不用負責任。說你好的，大概都是自己人寫的；說你壞話的，大多是你的競爭對手。所以，你只要觀察：誰會因為你受傷而得利？那個人就是污衊你的始作俑者。」

但是她也勸我：

「既然只是職場的競爭手段，你何必這麼介意呢？」

我聽進去了。不過我想，再有自信的人，都有可能因為不實攻擊而受傷。我只希望盡量不要動怒，更不要失去對人性的信心。

我很慶幸，有律師得以請教。面對不實攻擊，找律師比自己生悶氣有效。

我的「雞婆」個性

有機會在電視現場的壓力中，
學習臨場應變、練習如何在壓力下，
依然保持頭腦的冷靜，
同時思考可以脫穎而出的話語。
身為公關、行銷人，
沒有比這個更好的學習環境了。

在一〇四工作的最初幾年，我的升遷比同期進去的同事慢很多。也許是我很直的個性，以及曾被不懷好意的部屬設計捉弄，我得罪了上司，所以被「冰」了一年。

比起被「火」，在職場裡被「冰」的滋味又如何？被「冰」的那一年，我工作上收穫很少。不過那時候我利用機會，好好唸了一下英文，也談了一個難忘的戀愛。

所以，回想起來，那段日子並不難過。也許你會問：

「既然當時工作不如意，你為什麼不離職？」

因為我的個性，就是成熟的桃子，外表雖軟，裡面卻有顆硬心，我就是不能讓陷害我的人得逞。

當時我的工作，完全沒有發揮的餘地，但是我很喜歡寫文章，在「職感網」上用十個筆名寫職場文章，甚至包括寫職場命理。

沒想到我的職場命理文章，被當時POWER RADIO的秦晴（秦儷舫）小姐的企製看到，她們發了通告，給這個寫職場命理的作者，我只好承認那就是我。

後來我在秦小姐的廣播節目裡，配合了好幾個月。

進入電視主持是那年的四月十一日。當天早上，我跟男友分手；下午，楊老闆就把我調到行銷部，要我企劃一個五月就要開的節目。

為什麼那麼趕？因為他很不滿前面的行銷經理，弄了好久也沒做出來。

楊老闆同時也要我負責一個別人已經花了很多錢，卻弄不出來的捷運刊物。一時之間，我有了製作「電視節目」也有了「捷運刊物」總編的工作舞台。

其實這兩件事，我當時都沒做過，但是不知道我為什麼就是有這「憨膽」敢答應，可能是早上剛失戀，有點糊塗了吧！但這也是我邁向工作狂命運的開始。

我在東森台北台製作、主持了九十六集的《求職ALL PASS》節目，一直到頻道商要漲價，節目才停止。

在那段時間裡，我每每被胃酸逆流所苦，喉嚨每天都痛死了，但是我必須撐下去。

那段時間的回憶，對我來說是酸酸甜甜的。胃是酸的，心卻是甜的；事情往往在企劃與實行時很痛苦，但做完後卻是快樂的。

後來變成許多談話性節目的固定來賓，也是因為我的「雞婆」個性。

當一〇四公司的知名度上升，就常有很多的電視台企製，打到公司的行銷部門要資料或問問題。

我一心想把公司的數據、圖表推上電視，所以不只是提供比電視台要的資料更多的內容，還會耐心的說明，不管電話幾點打來，我都會耐心處理（電視台企製常常很晚打來）。

久而久之，電視台的企製們也都認為：「你講得很清楚，就你來講好啦！」

於是我有機會當電視來賓。

我一開始上的節目是《于美人放電》、《李明伊放電》，後來還有鄭弘儀大哥跟吳淡如小姐的《黃金七秒半》。後來還有《新聞挖挖哇》、《命運好好玩》等等。

尤其是和李大華先生主持的《2100教育開講》，是長達半年固定的配合，因此我也跟李大華先生成為好朋友。

放眼望去，除非本身是企業主，上電視的「名嘴」，通常很難存活在企業中。

不過楊老闆認同這是一個不錯的行銷方式，還下指令叫我「不准漏接」，所以，我可以放膽去做。

關於這點，連我自己都覺得很幸運。至於其他長官們、其他同事們是否認同？我無從得知，但我也沒辦法想那麼多。

有機會在電視現場的壓力中，學習臨場應變、練習如何在壓力下，依然保持頭腦的冷靜，同時思考可以脫穎而出的話語。身為公關、行銷人，沒有比這個更好的學習環境了。

這是我在當電視來賓這十年來很大的學習，也是我最棒的收穫。

職場上「說話的規矩」

雖然我知道說話的技巧，
我對我周圍的人也有敬意，
但一起工作久了，
常常覺得已經很熟，
就會「自以為很直」，
卻忽略說話的禮節。

離開了熟悉的環境、人際關係、生活步調，許多事情都要重來。於是，我開始去尋找過去我沒有時間，也沒有力氣去想、去做、去體會的事情。因為嘗試改變，打開了不同的視野，也啟發了新經驗及觀點。

我的第一件事，是多看書。

我過去寫過十幾本的職場書，那是來自我的經驗、我的觀點。在此之前，我也以為我知道的已經很多了。

但這次我在職場上摔了個跟斗，我知道一定還有我沒看見的疏漏。所以，我不妨藉著這個機會，找找自己的「麻煩」。

光是這陣子我看到的第一本書《職場非常識》裡，我一下子就看到了自己的盲點，這也讓我相當汗顏。

作者勝間和代在書中，談到了職場上「說話的規矩」。她說：

「在我一路工作的過程中，我發現了一件事，那就是無論在何種情形下，女性都比男性更容易『說實話』。即使明知道說出口會讓氣氛變得尷尬，但還是忍不住大說特說，結果就讓氣氛降到冰點。」

咦！她是在說我嗎？為什麼會這樣呢？勝間和代分析說：

「從小到大，學校總是要求『正確、不正確』，尤其是曾經是資優生的女生，已經習慣說：『老師，我覺得你哪裡錯了』，所以在職場上也常不小心就露出本性！……由此可知，女性一旦認為自己是對的，就很容易放大自己的正確性，讓對手下不了台……」

看到這裡，我不禁一驚。的確，過去我也有這種傾向啊！

雖然我知道說話的技巧，我對我周圍的人也有敬意，但一起工作久了，常常覺得已經很熟，就會「自以為很直」，卻忽略說話的禮節。

在辦公室直率的發言，往往只是讓對方下不了台而已。坦白說，我什麼時候得罪了誰？招致什麼怨恨？自己都搞不清楚。

其實，在企業裡，重點不在於「你正不正確」，而在於「當時的目的是什麼」。

即使是再怎麼冷酷無情的公司，再怎麼親密的同事，在職場裡，也不能毫不保留的說實話。

如果要表達反對意見，重點在於不可以否定對方，也不可以讓對方下不了台，其實這只是一種說話的技巧。

這只是我藉由閱讀反省到的「第一件事」而已，但已經對我的未來受用無窮了。

這陣子，我從書裡學到的東西實在不少。重點是，看到了認同的「觀點」，也要反醒自己的不足，做為未來改進的依據。

如果我一直在原工作順利的走下去，我不會去想這些工作中的「細節」，但現在，痛苦的經驗讓我矛塞盾開。

光是這點，就讓我覺得離開「舒適圈」，實在是非常有價值的事。

財務報表，我來了

離職後，我下了決心，
去「面對」一些自認學不來的東西，
挑戰「財務報表」是其中的里程碑。
果然一到了課堂，面對所有的講義內容，
我都感到陌生。
原來「隔行如隔山」這句話，
還真是有道理的。

某個週六，我終於走進文化大學推廣部，去上了「財務報表分析課程」。這是一個要連續四個週末、要在教室上整天的課程。

分析「財務報表」對懂的人來說，應該沒什麼大不了，但卻是我一直很怕、很討厭的東西。

過去我前老闆常告訴我，「職場最重要的七種能力」中，看懂「財務報表」就是其一。

但我因為很討厭這些複雜的數字報表，就一直以「我很忙，所以沒空學」的理由來逃避。

看不懂「財務報表」，對於曾在上市公司擔任行銷長多年的我來說，其實也是很不可思議的。

離職後，我下決心去「面對」一些原本自認學不來的東西，挑戰「財務報表」是其中的里程碑。

果然一到了課堂，面對所有的講義內容，我都感到陌生。原來「隔行如隔山」這句話，還真是有道理的。

但我也意外的發現，即使是我過去不感興趣的學問，其實也沒有我想像的那麼可怕。

這樣一天上課七小時下來，我竟然沒有感到一絲疲累，反而覺得自己煥然一新。

很得意，我終於可以面對過去一直在逃避的事了。我要大聲向這門課喊話：

「財務報表，我來了！」

讓自己更好看一點

學習如何把自己弄得更好，
挑選適合自己的衣服、鞋子，
把自己弄乾淨、弄整齊，
這也是一種必須學習選擇，
提煉品味的課程。
一旦你「看起來很好」，
你的人生也會開始好起來。

二〇一〇年三月時，我進了觀光旅遊行業的領導品牌工作。

這是一個很注重包裝的行業，對於外表的要求也高。

過去我在人力銀行時，常被記者問到面試的穿著及外表的種種問題時，由於我不想被人誤會我以職場專家的身分，在為服飾品牌或微整型醫院背書，因此在被問到關於外表的問題，我一直回答的很中立，也很保守。

不過，當我進了以旅遊為主業的公司後，我不得不承認，外表的重要性，其實是頗大的。因為已經沒有過去對外發言的「包袱」了，我想說：

「外表，在某些行業裡，很關鍵性的決定你的競爭力。」

不過，這句話還有個前題，那就是：

「每個人都有機會，可以透過努力，讓自己更好看一點。」

像我身邊一位朋友，純樸的他，過去衣服鞋子髮型都不對，平時看起來就灰噗噗的。除非你和他相處過，否則你很難相信，他竟然會那麼多的東西。

這陣子我們一起去逛街時，意外看到一個不錯的男性品牌，在百貨公司特賣會打二折，我們就一起去逛逛。

他試了大約三小時，在店員的協助及我的建議下，他「忍痛」買了十五件適合他的衣服，但結果還花不到一萬元。

後來，他也換了適合的眼鏡，以及修了一個適合的髮型。

從此以後，他整個人帥多了，也自信多了。看起來，競爭力進步百分百。現在我想大聲說：

「內在很重要，但外表的重要性，遠超過你的想像。」

學習如何把自己弄得更好，挑選適合自己的衣服、鞋子，把自己弄乾淨、弄整齊，這也是一種必須學習選擇，提煉品味的課程。

一旦你「看起來很好」，你的人生也會開始好起來。

所以，對我自己也是一樣。這陣子我把衣櫥裡不適合的衣服清掉，隨時以最好的狀態示人，我要以「I am ready!」的狀態，迎接每個好機會。

重新建立人際關係

從此以後，
我不能再以「工作很忙」為藉口。
家人、朋友都是人生中很有價值的資產，
凡是有價值的事，
都必須花力氣及精神，
有紀律的維護。

離開前工作後，我花比以前多很多的時間在家人、朋友身上，而且是有紀律的在保持。

我這樣做，不是因為我現在需要溫暖，而是我體認到他們是重要的。我要主動關懷我身邊的家人朋友，與他們保持友好的互動。

我在之前的工作，忙起來幾乎六親不認，但是一方面很得意自己可以一個人吃飯、一個人看電影的「獨立」性格。

更糟的是，我過去常說：

「工作是不會背叛你的精神寄託，工作夥伴是我最親密的朋友。」

現在看來，我的人生大可以不必如此極端。

就算我很熱愛我的工作，在工作外的家人、朋友，還是一樣重要的。

從此以後，我不能再以「工作很忙」為藉口，家人、朋友都是人生中很有價值的資產，凡是有價值的事，都必須花力氣及精神，有紀律的維護。

這陣子我也交了許多新朋友，來自不同產業、不同年齡。從他們身上，我學到不同的觀點及新知識，收穫非常多，也因此，得到不一樣的快樂。

這就是我之前沒有想到的收穫。

「一直在準備」的人

每個人的一生中，
至少會碰到七次不景氣。
時常觀察就業市場上的需求，
並站在雇主的立場思考，
放軟身段來適應，
應該是這個不安定的時代，
保護自己的實際作法。

在離開前公司的前一年，適逢金融海嘯。當時，我看到新聞中，有一位被裁員的先生說：

「我四十五歲了，兩個小孩還在念小學，還要付房貸、車貸，我被裁員了，都已經這個年齡了，還有誰要僱用我？我現在不知道該怎麼辦才好？」

當時我問我自己，如果我四十五歲時被裁員了，我該怎麼辦？

我和其他人一樣，如果有那麼一天，我就必須另外找工作！但我還可以做甚麼呢？

結果這件事提前發生了。

我還記得，當時在部落格，我寫了這篇文章。

就算到了中高齡，我希望，到時候我還是可以選擇做一些「有意義的事」，那是「我有能力做」，就業市場「也需要」的工作。

所以，先寫下根據我的觀察，我覺得未來會需要的工作。我寫的是：

①隨著中國大陸的興起，中文能力會愈來愈重要，但現在年輕人中文能力低落，需要中文老師。

②找工作愈來愈不容易，需要教求職的老師。

③很多人不會寫履歷表及自傳，需要有人代辦。

④兩岸的工作機會及求職者，一定會有愈來愈密切的互動和互通，需要有人觀察及分析。我的夢想是未來擔任大眾媒體（廣播或電視）的主持人，希望可以講兩岸職場。

⑤台灣風景很美，人文素質高，但缺乏行銷台灣觀光業的人。

⑥競爭激烈的各行各業，會愈來愈需要懂行銷，能幫產品脫穎而出的人。

接下來，我寫下我可以「對應」的能力：

①我中文能力不錯，長期在寫專欄，也有十五本著作了（當時），應該有資格教年輕人中文作文吧！我要繼續努力，再累，也不要輕易放棄我的專欄。

②我有幾百場的演講經驗，應該可以開求職的補習班教人求職。但還需繼續努力，演講內容也要跟得上時代才行。

③我可以像留學代辦中心一樣，代辦求職者的履歷表及自傳。

④我喜歡旅遊，也懂行銷，可以去應徵旅遊行銷的工作。所以我，要繼續關心旅遊產業。

⑤我也可以教公關課程，但可能要先編一些講義。

⑥我可以去其他我有興趣的產業從事行銷工作，例如消費性或健康產業。必須多找一些感興趣的行業，並持續的研究。

⑦我已經有很多廣播及電視的經驗，有機會的話，可以嘗試在大眾傳播業工作。

我的邏輯是這個世界「有需求就有供給」，所以「有能力供給的人」，就可以得到工作。

看來，除了目前的工作，未來也將進入中高齡的我，應該還有一些選擇。

接下來我問自己，到那個時候，我年紀比較大了，還有人願意給我工作嗎？

我想，如果我身體健康，知識及想法跟得上時代，又可以說服雇主，我要的薪水將會比可以替他創造的產值便宜，而且我又有足以說服雇主的資歷，那雇主應該會給我機會吧！

但如果到時候，我仍然不能得到一份滿意的工作，我可能就必須降低對薪資的期待來競爭工作。

如果收入不夠，就必須降低生活水準，因為還是有那種可能性，所以現在就要多工作多儲蓄。

除此之外，對於物質及外在的要求，還得培養身段的柔軟，要能伸能屈才行。

也許您會覺得，我這個人會不會想太多了？

其實，我也很羨慕那些什麼都不想的樂天派，不過，我不想未來不知所措。既然每個人的一生中，至少會碰到七次不景氣，那麼時常觀察就業市場上的需求，並站在雇主的立場思考，放軟身段來適應，應該是這個不安定的時代，保護自己的實際作法。

現在回頭看看這篇部落格文章，原來，我自己早已是個「一直在準備」的人。

失業時，我找工作的步驟就是：

①放出找工作訊息，過去的人脈是現在的資產。

②重寫履歷表，並鎖定有興趣的職務。

③把自己打理好，提起精神面對迎面而來的機會。

公開演講的能力

公開演講是一種溝通能力，一旦可以將自身的影響力發揮，各種機會自然就變多了。有公開演講的能力，等於是有說服力的人。

如果你問我，培養哪一種能力，可以為自己的職涯開啟更多的機會？我首先推薦的就是：

可以在大眾前侃侃而談的能力，也就是「公開演講」。

公開演講廣義而言，不只是站在講台上對眾人說話而已，這種難度也最高；還有在公司內的會議，你要說服一大堆不同意見的人；以及對客戶的簡報，因為客戶能決定要不要買單。

公開演講也許是面對面的形式、也許是透過視訊會議的模式、也許是講電話的一對一或一對多等等。

公開演講的能力，是發揮自身影響力，甚至激勵他人的能力。

公開演講是一種溝通能力，一旦可以將自身的影響力發揮，各種機會自然就變多了。

根據統計，美國人的十大恐懼之首，竟然就是公開演講。

也就是說，公開演講的優點雖然很大，但以我個人的經驗，要表現的好，唯有常常練習。在公司的內部會議，就是你練習的開始。

我開始練習公開演講，是來自於「校園」的邀約。

十一年前，大眾對「網路求職」是非常陌生的，但學校的老師有幫助學生就業的責任感，就開放了機會，給我的前公司進學校說明何謂「網路求職」。因為校方當時沒有提供車馬費，再加上演講本身是一種壓力，所以公司內沒有人肯去。當時的我是一個小企劃，卻覺得這是一個宣傳公司這種新服務的好方法，所以就率先進入了學校。

不過，在學校說明「如何用網路求職」，畢竟是滿枯燥的內容，所以我擬了一個「如何在求職時脫穎而出」的演講課程。

在這個課程中，我把人力銀行的「填履歷表注意事項」、「如何用搜尋引擎找工作」、「如何用地區找工作」等等服務包進去。

因為這個課程讓求職者覺得非常實用，所以受到了歡迎。後來，演講內容又加入如何寫自傳及面試指導，因為非常貼近求職者的需要，就更受到歡迎了。

後來，甚至有很多學校要求錄下來，要我授權演講內容可以免費放在學校網站，讓學生更容易取得免費的資訊。

這樣一來，不但學生受惠，也讓人力銀行的產品及服務，被更多人瞭解。

雖然我的前三十場校園演講，根本沒拿過車馬費，但是當其他的學校邀約多起來時，學校就願意付出車馬費了，這也是一種收入來源。

目前，求職相關主題，我至少已講過三百五十場以上，另外其他主題講過約一百五十場。

當然，演講內容會隨著外在市場的變化調整。因為我演講的練習非常足夠，就沒有恐懼的道理。

就這樣，公開演講，也變成我在辦公室以外的謀生技能。

有公開演講的能力，等於是有說服力的人。在不同的職場上，因能演講而大放異彩的人還不少，例如補教名師于美人、名作家吳淡如、名律師謝震武等等，還跨行在螢光幕前大放光芒。

只要不斷的練習，公開演講就會變成你的能力，而且，這種能力會不斷增加，因為你會克服恐懼，愈來愈有自信。當自信心建立起來，公開演講的影響力就會更大，機會也愈來愈多了。

如何準備演講？

沒有人不愛聽好聽的故事，
「故事」愈貼近聽眾的生活經驗愈好。
因為貼近生活經驗的故事，
自然會有親切感，
是討人喜歡的內容。

雖然大家都知道，擁有在大眾前侃侃而談的能力，也就是公開演講的能力，可以為自己的職涯開啟更多的機會。

不過，要成為「公開演講」受歡迎的講師，最主要還是多練習。練習需要什麼？需要觀眾。公開演講與說話不同的地方，就是在於有觀眾，有時還是很多很多的觀眾。

那麼沒觀眾時怎麼辦？有一個很好的替代品，那就是：鏡子。

我在第一場校園演講前，事先對家裡的大鏡子前練習了二十多遍。

另外，演講前還是要有一套準備的流程。

一、首先是研究你的聽眾

科學家研究發現，一個人集中注意力最多五十分鐘，而且我相信，這五十分鐘指的還是我這年紀的人。年紀愈輕的聽眾，就愈坐不住。

所以，演講者要讓聽眾坐在台下聽一、兩個小時，真的是不容易的事情。

因此，演講者的演講內容，跟聽眾所關心的事是否吻合？這一點非常重要。千萬不要讓你的聽眾聽完後卻說：

「那又怎樣？」

如果聽眾沒有任何感動，就是失敗的演講。你一定要讓你的聽眾感到：

「哇！原來你也是這樣！」

「哇！原來如此！」也就是產生共鳴。

一旦有了共鳴，聽眾就會覺得不虛此行。

如果要讓你的聽眾產生共鳴，事先對他們的背景有瞭解，對準備素材有很大的幫助。

我過去也有很多次的演講，其聽眾是透過大眾媒體的傳播「隨機」來的，因此聽眾的年齡及背景差距非常大。

如果碰到這種情形，演講內容涵蓋的範圍，也就需要同時變大。

二、先提供大綱

演講時，我是不太喜歡用電腦簡報軟體（power point）的，除非主辦單位堅持，否則我寧可觀眾把焦點放在我身上。

不過，我在每次演說開始時，還是會先提供大綱，大綱可能只用口述簡單帶一下，但這過程卻不能省略。

我認為這樣做對聽眾來說，心裡會有個期待感，有助於幫他們在聽講時集中精神。

而且，事先提供大綱，也是講師對聽眾的一種禮貌。這表示一開始時，講師就「承諾」等一下可以提供什麼精彩內容給聽眾。

我在每次演說前，總是先提供大綱，這表示我尊重觀眾的到來，預先承諾把我的工作做好。

其實公司內部開會也是一樣，不過公司內部開會，大概都會使用電腦簡報軟體。而且講者一開始也要提供大綱，才不會讓會議漫無目的的發散。

三、演講當中我會複習重點

演講時最好是一段一段條理分明，聽眾才聽得明白。

但因為我演講時不一定用power point，所以我在演講時，必須複習精彩內容，提醒觀眾我的邏輯性。

這就是歸納重點、點出關鍵字的做法。

四、準備親切感的內容

演講中穿插「故事」，是很受聽眾歡迎的一種作法。

沒有人不愛聽好聽的故事，「故事」愈貼近聽眾的生活經驗愈好。因為貼近生活經驗的故事，自然會有親切感，是討人喜歡的內容。

另外，我認為演講者不必害怕曝露自己生活經驗的弱點。

演講者的弱點，是讓他與聽眾更靠近的動力。你可以大大方方的分享你曾面臨的困難，並以實際經驗說明自身如何突破難題。

在我的經驗中，不避諱曝露自身弱點的內容，觀眾會給予最大的共鳴及支持。

聊天的價值非常高

「傾聽」也是溝通重要的一環，
當你閉起嘴巴，開始「傾聽」時，
就已經克服了某種溝通上的障礙，
好的職場關係及私人關係也開始展開。

最近我跟一個很成功的企業家吃飯時，他告訴我：

「聊天的價值非常高。」

這位日理萬機的企業家竟然這麼說，讓我有點驚訝。不過仔細想想，還真要承認他是對的。

我們不斷追求的那些有價值的事情，包括每段動人的愛情、每個成功的大生意，不都是從「聊天」開始嗎？

成功聊天的關鍵，不只是談話而已，而是建立彼此好的感覺、好的關係。因此彼此之間，才有了延續性及繼續發展的可能。

可別以為聊天是與生俱來的能力，它其實是來自後天訓練的能力，而且是一種愈練習就愈高明的能力。

事實上，聊天的能力就是與眾人談話的能力，也就是溝通能力。

溝通能力當然是職場上最重要的能力之一，但它並不是人人都掌握的能力，特別是面對陌生人或不熟悉的人時，難度更高。

面對不熟悉的人時，光是要怎麼「打開話匣子」？就是個挑戰。

如果你知道大部分人最喜歡的話題就是「自己」，你不妨展現對對方的關懷及興趣來打開話題。

例如在過年後的聚會，你就可以聊聊：

「今年過年假期很長，你們家是怎麼過的呢？」

這就有一個融洽談話的開始。透過發問輕鬆的話題，可以讓對方多聊聊「自己」。

再來，你可以試圖找到彼此的關聯性與共通點。

例如你可以詢問個人的嗜好或興趣。這種有技巧的聊天，讓人感到輕鬆愉快，還能找到共通點，和對方打好關係。

再來，「讚美對方」也是聊天的好素材。

在我的經驗裡，誠心讚美對方的工作成就或特質，通常效果很好。讚美對方的外表，當然也是很有效的。

往往人都沒有得到過足夠的讚美，讚美是永遠聽不夠的。

「誠心讚美」是人與人之間溝通很好的潤滑劑，也有助於建立彼此的好感。

懂得聊天的人，通常都很會說故事。所以，多方吸收資訊，閱讀雜誌、報紙、收看談話性節目，準備幾個幽默的笑話，幾個有趣的話題去參加派對，會讓你比較容易成為受歡迎的人。

千萬不要一臉索然無味的坐著當壁花，那還不如不要出門的好。一旦你吸收了很多資訊，聊天就變得容易多了。

在溝通或聊天時，「傾聽」也是其中的一部分。

如果不願意「傾聽」，就無法理解他人。無論在私人生活及職場，我們都很喜歡自己的意見受到重視。

所以，在工作場合，如果撥些時間跟同事溝通，可以當面徵詢他們的意見，而且要感同身受的聆聽，是建立友誼的第一步。

通常，「仔細傾聽」比「發表意見」還要更難。而且要特別注意的是，如果有人跟你聊，有時候只是希望你聽他說什麼？所以，不要急著給意見。

「傾聽」也是溝通重要的一環，當你閉起嘴巴，開始「傾聽」時，就已經克服了某種溝通上的障礙，你的良好職場關係及私人關係，也會開始展開。

跟比目魚學習職場道理

在職場上，如果你長久的待在一樣的地方，
會自以為很瞭解周邊人的心態和想法，
和周圍長久合作的人有了默契，
是一種壓力小、非常舒服的感覺。
但你終究會發現，
這種職場的「舒適區」，
其實只是一種假象。

除了多看書，離職這段時間，我也趁機到處多走走。

每次去遠雄海洋公園，其中的「水族館」，都是我必要的朝聖之地。尤其是經由王牌導覽海王子瑞敏先生的解說，讓一切都變得更加引人入勝，每一次都引發我許多的想法及醒思。

二〇一〇年二月我又去了一趟，當時遠雄海洋公園正在舉辦「開心水族館」的活動，館內又引進了許多新的魚類，讓我在欣賞、學習之餘，衍生許多想法及領悟。

相較於人類的生存環境，海洋的生物其實是處在「非常不文明」的爭鬥環境中。

在海洋的環境裡，有激烈的物競天擇，這種爭鬥，結局非生即死，比人類的職場殘酷更多。

因此，每一種海洋的生物，都自然而然的有巧妙的生存本領。

而且，坦白說，可能是海洋的環境競爭過於激烈，海洋生物的生存本領往往比人類大得多。

這一次我又更認真的看「比目魚」了。

比目魚堪稱遠雄海洋公園水族館中「最不起眼」的魚類了。

牠的身體扁平，頭部、眼睛與嘴巴，都只位於身體的一側。雖然怪異難看，但這種身型，與沙地的地型十分吻合，因此可以平貼於沙地。

比目魚最大的本事，是可以隨著棲息的環境及光線的變化，「迅速」調整身體的顏色，與所處的環境立即融合，好讓自己達到最大的偽裝效果。

這樣不僅可以躲過敵人的攻擊，還可以輕鬆的躺在沙上，等獵物無警覺的游過時，再躍身張口吞掉獵物。

在自然界中，動物保護自己免於掠奪者的攻擊，就是躲藏。但是如何巧妙的躲藏呢？

動物讓自己的顏色、形體與周圍環境融為一體，可以達到最好的隱身效果。

比目魚可以「迅速」調整身體的顏色，與所處的環境融合，是自然界本能上「擬態」的偽裝。

這種「擬態」的偽裝，在人類的社會裡，就是能改變自己，要迅速適應環境的意思。

在職場上，如果你長久的待在一樣的地方，會自以為很瞭解了周邊人的心態和想法，和周圍長久合作的人有了默契，是一種壓力小、非常舒服的感覺。

但你終究會發現，這種職場的「舒適區」，其實只是一種假象。

事實上，就算是待在一樣的工作地點，但周圍人心會變、想法會變、目標會變，你所面臨的競爭壓力，其實一點都不比以前少，只是你自以為可以掌握，還沉浸在「舒適區」的假象中。

這時候，你如果想要生存下來，仍然必須敏捷的收集多方的資訊，瞭解新需求，並調整自己的作風，你必須迅速的適應環境以求生存。否則，就像滾水煮青蛙一樣，到死都不知道發生什麼事。

看起來傻傻笨笨的比目魚，說不定比人類還機靈呢！

章魚也是偽裝大師

章魚有八個腕足，腕足上有許多吸盤。我每次去遠雄海洋公園，都很想用相機把水族缸中的章魚，清楚的拍攝下來，不過實在很困難。

因為相較於會隨著沙子變色的比目魚，章魚可是更厲害的偽裝大師喔！大部分的章魚都生活在海底的洞穴中。在水族館裡，章魚也習慣窩在水族缸的洞穴中，因為章魚可以和背景很像，所以看不清楚。

即使窩在洞穴中，章魚還是可以等待獵物出現，個性可說是伺機而動，不會隨便出手的高人。

章魚最厲害的是擁有快速的變色能力，而且這種「變色能力」有不同的用途。

當章魚遇到危險時，可以快速的改變顏色和背景融入以逃避敵人，還能在洞穴及岩石裂縫中穿縮自如。但是當章魚需要進食時，又可以用牠高強的變色本領，讓

章魚具備非常好的觀察及學習能力。
在實驗中，章魚還可以被訓練。
章魚甚至可以登上漁船，
偷取甲板上面的螃蟹。
所以，看起來軟軟笨笨的章魚，
有很多職場上的人可以學習的地方喔！

獵物失去戒心，以誘騙獵物進入。

不過，章魚也很情緒化的。隨著牠的情緒變化，章魚身體也會變色。

章魚頭大大的，具有無脊椎動物裡最發達的大腦。牠非常聰明，認路本領一流，也會動腦筋。曾有科學家將章魚的食物放在瓶子中，然後放入章魚的魚缸，不久章魚就把瓶蓋打開，把裡面的食物吃掉。

章魚看起來軟軟笨笨的，但牠喜歡吃螃蟹、貝類，甚至龍蝦、或中小型的鯊魚，顯然懂得柔能克剛的道理。

當章魚碰到天敵時（例如鯯魚，能一一咬斷章魚的觸手），章魚馬上變色偽裝逃避，或噴出墨汁迷惑敵人，墨汁可以擾亂敵人的視線，讓章魚爭取時間逃跑。

除此之外，章魚噴出的墨汁中，還有痲痺敵人的毒素。

當章魚的天敵鯯魚咬斷章魚的觸手後，章魚的「再生能力」很強，不久可以重新長回。所以牠也是海裡的「復原達人」一族。

章魚具備非常好的觀察及學習能力。在實驗中，章魚還可以被訓練。章魚甚至可以登上漁船，偷取甲板上面的螃蟹。

所以，看起來軟軟笨笨的章魚，也有很多職場上的人可以學習的地方喔！

不同的生存之道

你在職場上是哪一種魚呢？
黃倒吊魚本性很和平，不過還是不要隨便惹牠。
獅子魚必須隨時「亮出」其生存時禦敵的唯一武器。
老虎魚總是跟在大魚身邊，尋求安全的庇護。
這無關好壞，只是不同的生存之道吧！

在遠雄海洋公園的「水族館」，我還看到了黃倒吊魚、獅子魚、以及老虎魚。牠們都是水族館的明星，也都非常美麗。如果把海底生物殘酷的生存競爭，比做人類的職場，我認為，我比較像海洋世界的「黃倒吊魚」。

黃倒吊魚通體鮮豔，眼睛圓圓的，身體只有幾公分，看起來就很友善。牠不像比目魚、章魚，可以用擬態或偽裝，來抵抗敵人的侵襲。黃倒吊魚顏色非常鮮艷，個子又小，看起來就醒目而且可欺。

雖然黃倒吊魚的本性很和平，不過還是不要隨便惹牠。大自然給黃倒吊魚保護自己的武器，是靠近尾巴，非常小的鰭。

雖然很小一點都不起眼，但是比刀片還要銳利。如果其他的魚類攻擊牠，一不小心，可會被劃的皮開肉綻的。

當然，水族館中看起來更有魅力的，是體長可達十七公分的獅子魚。相較於黃倒吊魚，獅子魚凶悍多了。

獅子魚外型華麗，一出場簡直像孔雀開屏。

但是獅子魚身體上各鰭的硬棘，不旦尖銳而且有毒，也等於警告敵人不要輕舉妄動。因為獅子魚外型太搶眼，所以特別容易被注目，而容易被注目等於容易受攻擊。

海底世界跟職場一樣，於是獅子魚必須隨時「亮出」其生存時禦敵的唯一武器。

獅子魚沒有棘刺的腹部是牠的罩門，所以牠日間大多是緊靠著岩礁，通常會把沒有棘刺的腹部，貼著岩壁或珊瑚礁的陰暗面，而讓背鰭張開保護自己免受攻擊。

雖然牠擁有魅力的外表，卻不是可以任意玩弄的海中獅子。

如果在職場上你要亮眼的表現自我，擁有「強大保護自己的實力」是必須的。不要怕被人知道你的強悍，因為那會讓你少掉不少麻煩。

老虎魚本名叫「黃金鰺」。老虎魚全身為艷麗的金黃色，魚體上有粗細間隔的九到十一條的黑色條紋，很像老虎的斑紋。

「老虎魚」幼魚常游動於鯊魚或其他大型魚旁，以撿食碎屑並尋求庇護，還有「領航魚」之稱（我倒覺得是小跟班）。

雖然名字雄壯威武，其漂亮的外表擁有老虎的斑紋很吸引人，但這個披著老虎皮的魚兒，卻一點也沒有陸地上老虎的氣魄。

「老虎魚」總是跟在大魚身邊，尋求安全的庇護，這種行徑有點像「狐假虎威」。

不過，這也是一種生存之道，和人類的社會一樣，雄壯威武的鯊魚或其他大型魚，也要有跟班。「老虎魚」很漂亮，帶出去也好看。

你在職場上是黃倒吊魚、獅子魚、還是老虎魚呢？這無關好壞，這只是不同的生存之道吧！

變革的高濃度學習

這可能是一種冒險，
但真正有為的人，
會願意承擔這種冒險。
誠如羅斯福總統曾說：
「任何行動計劃都一定會有風險，
但其風險絕對低於長期安逸的風險。」

你發現了嗎？在每年剛過完農曆年這段時間，你是不是常收到朋友的「離職通知信」或「改變e-mail地址」的頻率非常高？

撇開職場上的變化不談，這段時間，許多人的感情生活，也面臨崩解或重組。身邊的朋友原本是感情甜蜜的伴侶，因某種原因分開，又另外組合的情況，比比皆是。

參加了一年一度的小學同學會，發現有朋友即將全家移民到美國或上海，有同學在過去一年過世了；也有人因為健康狀況等等因素，不得不改變原本的生活狀態。

身邊的人無論在工作、感情、朋友、健康狀態、居住地點等等，都在劇烈的變化中。而這一切都不在原本的計畫中。有一位我喜愛的作家說：

「當『把人意外地丟出舊原點』的事越來越頻繁，如果你夠聰明能揣測天意，就不難推理上天正在做怎樣的調整——假想你的人生開始像盪鞦韆似地，從一直不動的這頭盪到了另一邊。有的是離開大公司到了小公司、或是突然轉換跑道，做與之前截然不同的工作。」

沒錯，我自己也深刻體驗過這個「把人意外地丟出舊原點」的過程，但是仔細想想，意外的改變，絕不是只發生在我身上。

原來「意外被丟出舊原點」，就是很多人的共同經驗。就像我的一位小學同學是醫生，他告訴我：

「我曾經驗過和你非常類似的事。你不必懷疑！醫界也和其他產業一樣，鬥爭也是鬥到『殺』很大的。」

我想，你如果抗拒改變，一定會感到挫折及沮喪！那還不如坦然面對。

「當被意外地丟出舊原點」時，我不會尋尋覓覓的問「為什麼？」

在我看來，一直問「為什麼？」沒有意義，只是浪費時間在自憐自哀。

我不想長期被困在後悔或不滿的心情，過去的夥伴們暫時不連絡，其實也沒多大關係，我更不想發脾氣虐待自己和旁邊的人。

那麼我何不就乾脆一點，直接面對現實。

我不得不面對被丟進的新局面中，以新的風格及思考方式來過生活。這段時間我採用的生存方式，有些我建議過別人，有些則是隨機應變。我深深的感覺到：「世事難料，沒錯，我過去寫過十幾本書談職場，我也曾經努力的想給讀者很多建議。不過，世界上並沒有什麼是『最好』的策略。因為世界變化得太快，過去對的現在也不一定對，事先很難精準規劃照顧到一切，所以，『當下應變』是很重要的技能。」

人生的極端事件，讓人有著多重戲劇性的「高濃度學習」。

「當被意外地丟出舊原點」時，我的「高濃度學習」是什麼呢？

一、學習快速的轉念：

告訴自己這不是單一事件，我並不孤單。

想辦法讓自己心情好起來，有好心情才有好機緣。

二、學習冷靜的面對：

面對衝過來排山倒海的壓力，我練習控制自己，不要因為情緒，做出自己以後會後悔的事。

我拿自己做實驗，學習冷靜的面對外界的壓力，這是一個公關主管千載難逢的學習經驗。

三、思考可用的資源：

父母、朋友的關心及支持都是資源。過去累積的資歷也是資源，過去的努力是不會消失的。

四、給自己重新選擇的機會：

我把「意外地被丟出舊原點」的時機，當做這是一個可以重新思考新的工作方向的時機點。

我重新思考，其實還有很多可以發揮的領域，不妨趁機換個跑道。

五、看清誰是朋友誰是敵人：

惡意的攻擊及落井下石是人的劣根性，既然小有知名度，碰到的機會更大。所以，要學習不要太在意。但是敵人太離譜時，可以用法律來保護自己。

如果你在這一生中，沒有遇到「把人意外地丟出舊原點」的事情，大部分人會安逸於行為的窠臼。

就像我過去在同一個公司做了很久，每天見一樣的人，做一樣的事，遵循一成不變的關係。雖然久了會有點煩，但未必願意離開這樣的「舒適區」。

所以，如果沒有遇到「把人意外地丟出舊原點」的事情，要打破這樣的生活模式重新開始，其實並不容易。但是如果你做到了，就可能可以感受全新的能量及活力。

如果你能改變現狀，接下來的機會可能多到你大吃一驚。

這可能是一種冒險，但真正有為的人，會願意承擔這種冒險。誠如羅斯福總統曾說：

「任何行動計劃都一定會有風險，但其風險絕對低於長期安逸的風險。」

所以，現在的人，就以平常心看待變革吧！

Part III

職場裡的潛規則

在權力大小方面，皇上處於優勢，
官僚處於劣勢；
但在資訊方面，官僚處於絕對優勢。
所以，封鎖和扭曲資訊，是在官場謀生的戰略武器。

向「杜拉拉」學習

作者「又直又白」的提醒了上班族，一定要「顧慮上司的感受」、「不要越級報告」、「把功勞歸給上司」、「不要對上司造成威脅」等等中外皆然的職場潛規則。

趁著轉業的那段空檔，我大量的閱讀一些書籍。

在上海時，好友送了我一本簡體版的《杜拉拉升職記》和一片電影光碟。那兩星期裡，我一直重複的看這本書，愈看愈有味道。

這本在大陸最暢銷的職場書，主人翁杜拉拉反應了許多背景普通、學歷尚可、外表中上的女性上班族的奮鬥歷程，引起許多大陸白領讀者（特別是女性）的共鳴，也引起了我的共鳴。

在那陣子，我也想從「杜拉拉升職記」學職場智慧。

杜拉拉和我有點像，女性，背景普通、學歷尚可，在「二十七歲」那年，進入全世界五百強（五百大）公司做基層員工。

我回想起自己二十七歲時，進麥肯廣告當助理。當時的麥肯廣告，是全世界第一大廣告集團喔！

看著看著，到了第九章，內容描述了一個基層人員在職場裡的轉機。這章描述杜拉拉在做基層員工時，傻傻的接下一個沒有人肯做、吃力不討好的工作，她的上司玫瑰為了「閃」這個工作，不惜裝病留職停薪半年。杜拉拉為了這個讓她僅僅加薪三百二十五元，連他更上層的上司（李斯特）都覺得她「很好哄」的情況之下，她像「傻大姐」般覺得既然獲得加薪及重用，就拚命賣力的把事做好。

後來，她的工作表現被大總裁（何好德）看到且賞識，拉拉意外的邁入晉升之路。

好巧！這跟我多年前在沒有加薪的情況下，接下兩個大家都不願做的案子，後來得到大老闆重用、鹹魚翻身的歷程非常相似。而書中的許多職場中人與人之間的角力情節，都讓我感到心有戚戚焉。

我想書中的職場「寫實描述」，讓人覺得這些故事情節近在眼前，就是為什麼《杜拉拉升職記》可以得到許多讀者認同的原因。

但我更想談的，是書中第三十二章「殺機」的部分。

杜拉拉升上了中級主管，因為沒有挑人的眼光，竟然用了兩個初級主管：一個笨（周亮），卻又自以為是；一個精（帕米拉），卻對拉拉輕慢又會越級報告。

杜拉拉一開始就用錯這兩個部屬，果然在「領導」上，馬上出了問題。不過，她馬上也就想到了辦法。

書中第一四八頁裡這樣寫著：

拉拉陷入了沉思，以後是不是可以讓這兩個寶貝互相轄制呢？她好像忽然就明白了，為何歷朝歷代皇帝手下都會既有忠臣又有奸臣，感情是故意的，不然這皇帝不好當啊！

看到這裡，我才更明白職場上的政治學。

以前，我往往會生氣老闆某些用人的策略，但這其實只是我們這一層級站在「自己立場看事情」。其實老闆有他的政治佈局，不是一般人看得懂的。

沒多久，僅僅到了一四九頁，杜拉拉就下決心幹掉這個「太能幹」的帕米拉。

拉拉自己不是常駐在上海，因此她既需要上海辦主管獨立的負責工作，又擔心這個人太過能幹，會成為自己的後備人選。自己有一半時間不在上海，真有這樣的下屬放在上海，說不准哪天就撬了自己。

於是，杜拉拉狠下心，炒了帕米拉。在書中第一五四頁裡這樣寫著：

拉拉很難受，帕米拉固然不好，但拉拉覺得自己也不是個好東西。她比誰都清楚，如果不是她自己想炒帕米拉，那麼背景做假或周亮事件，她杜拉拉都能讓她輕易的過去。而周亮又笨又自以為是，還能留下來，全是因為他不會對她杜拉拉造成威脅。

這一章很寫實。作者「又直又白」的提醒了上班族，一定要「顧慮上司的感受」、「不要越級報告」、「把功勞歸給上司」、「不要對上司造成威脅」中外皆然的職場潛規則。上班族要特別注意其「關鍵人物」的感受，可能是職場生存的「基本工夫」吧！

杜拉拉在書中不是反派，更不是奸巧的小人，她只是個普通的中級主管；但她也會為了自己的不安全感及個人好惡，做出自己都覺得不公平的決定，何況是其他人呢？

回想我自己的工作經驗，也是因為對身邊的人太過熟悉而感到很安全，這實在是太天真了。

所以，當我看到這一段情節，就更感到職場裡有太多需要磨練及學習的空間，原來：

我還差得遠啊！

杜拉拉對「好工作」的定義

她以一位典型的中產階級想法，
透過清楚設定的職場目標；
以實力加努力；
還要用腦筋、用心機，
花了很長的時間在職場上加薪晉爵，
漸漸達到財物的收獲及愈來愈多的自由。

得到一分「好工作」，是每一位上班族的願望。

但是，每個人對「好工作」的定義，也是大大的不同。

有人覺得「錢多、事少、離家近」就是好工作，不過這種願望也不容易達成。

讀了大陸最暢銷的職場小說《杜拉拉升職記》，主角杜拉拉小姐對於「好工作」的定義，值得我們所有的上班族參考。

一、要選擇一個好的行業

出身平凡，在職場上一路披荊斬棘的杜拉拉認為：

要得到「好工作」，首先要選擇一個好的行業；而所謂好的行業，就是其產品「附加價值高」的行業。

你可能會問我：「什麼是產品附加價值高的行業呢？」

我認為，這種「好行業」所銷售的產品（或服務），一定要是「很多人需要」的那種才行。因為銷售很多人需要的產品的行業，才會有大的成長空間。

舉例來說，十二年前，我選擇進入當時還很新的「人力銀行」產業。那時，很少人知道什麼是人力銀行，也很少人知道什麼是「網路求職」？

不過，當時藝術系畢業的我，深深被「找工作」這件事所苦，所以一看到人力銀行的產品或服務，就覺得應該會有「很多人」需要有個求職工具，可以幫忙解決找工作的問題。

當時我認為，因為有「很多人」需要這個產品，所以這個行業應該有發展潛力。後來，事實證明也是如此。

去年我離開了工作十一年的人力銀行，進入了休閒旅遊行業。從我的判斷，這是一個還不錯的時機。

因為在馬總統的競選時期，就已經把「發展台灣休閒旅遊行業」，定為國家發展政策之一，政府也投入許多資源支持這個產業。

最近，隨著愈來愈多的陸客來台，台灣休閒旅遊行業商機無限。我認為，在不久的將來，一定可以看到台灣的休閒旅遊行業，大量加入「生活、文化、創意」元素，因此會有更多的附加價值產生，也吸引更多的人才投入。

其他如台灣的科技業、金融業、服務業等等，許多行業都符合杜拉拉「好行業」的定義。

建議求職者在許多「好行業」中，加入自己對該行業的「喜好因素」。因為如果可以投入自己會「有感覺、感到喜歡」的行業，工作起來會更愉快及賣力。

二、選擇一個好公司

除了要進好行業，還要找一間好行業裡的「好公司」。關於杜拉拉提到的這點，我也很認同。

所謂好的公司，就是要具備「持續獲利能力」的公司。

杜拉拉認為即使是好的行業，如果沒有好的管理及好的人才，也無法在競爭中「持續獲利」。

具備「持續獲利能力」的公司，會有好的薪資福利、裡面的員工，也將擁有成功經驗及具備成功的氣息。

我也認為擁有成功經驗及具備成功的氣息，對個人的生涯發展非常重要，因為這是一個人建立信心的層面；而信心，將會把你推向成功。

不只如此，上班族未來如果要跳槽，曾經在「持續獲利能力佳」的公司的工作資歷，對新雇主來說，也比較有吸引力及說服力。

三、要選擇一個好方向

進入好行業裡的好公司之外，還要找一個「好的方向」。

杜拉拉認為「好的方向」，就是實現利益的最關鍵環節，例如「銷售」或「研發」，是「含金量」最高的職務。

我認為「好的方向」，就是這個職務選擇，是屬於技術層面較高，同時也是獲利較高的職務類別。

杜拉拉提到的銷售，就是台灣所說的「業務」一職。能直接幫企業把錢抱回來的業務職，不管外在景氣好壞如何，都最受到老闆重視。因此，在個人薪水上的報酬也特別明確。

研發類則是另一種性格的職缺，但研發類求職者往往還要專業學歷為支撐。在台灣，特別是科技行業裡的研發工作，更是獲利的基礎。

多年來我所投入的「行銷職務」，我認為也是一個「好的職業方向」。

行銷職務包含廣告、公關、活動、媒體等職能，可以學習的東西非常多，在這個激烈競爭的商業環境，公司的行銷策略及執行力很重要。

因此，行銷職務也是「含金量」很高的職務。

四、要跟到一個好老闆

想要在職場脫穎而出，徒有才華、埋首努力仍不夠，還須找到「肯定你的才華及技能」，並提供「舞台」及「高報酬率」的主管。

杜拉拉提到的第四點，就是「要跟到一個好老闆」。她說：

「好老闆的其中一個要件就是『強』，如果跟了弱勢的老闆，你的前程很容易就被耽擱了。」

這也是實話。

不過，除了夠強以外，我認為懂得欣賞及支持自己的能力及貢獻，這樣的主管也很重要。

「直屬主管」會影響你的工作心情、你做事的順暢度，以及你的成就，最重要是會影響你的收入。

初入社會的職場人，首須培養適應力、忍耐力，碰到不值得學習的主管，也可以當成一種磨練。

雖然，這種「負面經驗」，會讓你在當下極度厭惡，但日後回想起來，卻又讓你受用無窮。我們從壞客戶身上學到的總比好客戶多，主管也是一樣。

年輕時，我曾多次碰到暴躁、苛刻的主管；現在我當了主管，就會警惕自己不要重蹈覆轍，對自己的EQ及帶人的態度，有更高的期許。

工作幾年後，能力已被肯定，就必須積極尋找「懂得欣賞及支持」自己的能力及貢獻的主管。

千里馬要找到伯樂，並非易事，因為並非所有的主管都懂得識人。懂得欣賞及支持部屬的主管，和個性的關連度還大於能力。

有些能力好，但自視太高的主管，容易輕視或否定部屬，無法給予激勵及指導；也有能力差、沒有信心的主管，怕部屬搶了他的風采，對能幹的部屬百般刁難。

這兩種主管都因為性格的問題，無法拉大職場格局，也埋沒了部屬的潛能。你的主管若是這兩種人，你就要小心了。

值得追隨的主管，必須同時具備以下三種條件：

①能力超過我，可以給我指導，並擴大我的視野。

②懂得欣賞我的才能，並給我支持及鼓勵。

③有能力根據我的貢獻，提供適當酬賞。

在《杜拉拉升職記》裡，拉拉提到了她「為什麼要辛苦的成為職場中人？」就是要為了有天可以「自由自在的活」。

她以一位典型的中產階級的想法，透過清楚設定的職場目標；以實力加努力；還要用腦筋、用心機，花了很長的時間在職場上加薪晉爵，漸漸達到財物的收獲及愈來愈多的自由。

她的故事很寫實，我們多少都親身體驗過，於是撥動了讀者的心弦，想要以拉拉的精神勉勵自己在職場奮鬥下去。

關鍵的「守門人」

不管有意或無意，
疏遠了關鍵的「守門人」，
往往就是失去工作最常見的理由。
你的工作，就是幫助你的主管成功。
與關鍵的守門人相處融洽，
才是你在公司裡的保命策略。

你在公司任勞任怨，你的付出與貢獻獲得了大部分人的認同，公司裡每一個人都認為：

「你是公司的明日之星！」

不只如此，過去幾年，公司的高層不斷的告訴你，你對公司有多麼重要，公司是多麼需要你，讓你對自己飄飄然。

因此，你對自己在公司的未來，有著高度的自信及滿滿的期待。

但是有一天你發現，你不僅沒有得到那個「大家都認為你該得到」的職務，反而是你想要的職務，被不如你出色的同事得到了。

更氣人的是，你卻像被羞辱一樣的對待，公司很明顯告訴你：

「你過去做的通通不算。」

然後你發現，你再也得不到過去你所習慣的那種器重，反而被迫接受愈來愈差的對待。

你一定會覺得自己被背叛了，而且非常憤怒及不安。

你搞不清楚這是怎麼回事，而且根本沒有人會跟你說明，到底是什麼事讓你被逆轉呢？

如上所述，你可能犯了一個職場上致命的錯誤，那就是：

你疏忽了你職場上的「守門人」。

你職場上的「守門人」是誰？他不一定是公司的最高層，最可能的答案是：他就是那個握有大權的直屬上司，也就是你的「關鍵高層」。

你直屬上司對於你對他的疏忽早就不滿，於是他一直找機會報復你。一旦他開始報復，他「有權」把你未來的大門關上。

不管你過去付出多少，那都不在他的考慮中。你原來看似光明的未來，因為他的報復開始一片黯淡。

對於你的事業未來，他握有你的生殺大權，他是你職業的守門人，沒有他的認同，你根本什麼都不是。

現在回想一下，你是什麼時候開始，疏忽了你的「守門人」呢？

許多職業經理人對自己的工作技能自信滿滿，但工作上「對的可能性」不只是一個，所以，你可能會不認同你的上司的每一個決定。

很多時候，你可能會認為自己的方法比較好；而且，可能這也是事實。不過，這並不是重點。

每一次你該被晉升的時候，是誰在阻擋你呢？

即使別人欣賞你，但你的直屬上司說你是那個總是喜歡唱反調、不接受指令的人，你的晉升就會泡湯。

直屬上司還可以把那些「成功機會很低」的任務派給你，讓你看起來很失敗。於是，他就決定了你在那個公司的命運。

難道僅僅因為直屬上司不喜歡你，就可以阻礙你在這個公司的前途嗎？

如果你真的那麼重要，為什麼沒有人可以挽救你不被「公司的管理手段」處理掉？

答案是如果你沒有跟事業上的關鍵人物，建立「互相支持」的關係，你讓你的守門人受到威脅，或感到沒有受到足夠的尊重，你的守門人（直屬主管）當然可以給你這樣的評價：

「如果你不能與主管成為工作夥伴，又怎麼可能成為公司裡其他同事的工作夥伴？」

你的守門人（直屬主管）對你在該公司的發展，擁有至高無上的權利。他可以定義你是否有貢獻？是否值得加薪？是否值得升遷？

無論你是否喜歡他，他都可以保護或毀滅你在公司的未來。

所以，無論你是否喜歡他，想要在組織中好好發展，你都該積極主動的爭取守門人的支持與認同。

不管有意或無意，疏遠了關鍵的守門人，往往就是失去工作最常見的理由。

你的工作，就是幫助你的主管成功。與關鍵的守門人相處融洽，才是你在公司裡的保命策略。

皇上VS.官僚

在權力大小方面，皇上處於優勢，
官僚處於劣勢；
但在資訊方面，官僚處於絕對優勢。
所以，封鎖和扭曲資訊，
是在官場謀生的戰略武器。

最近，朋友送了我一本《潛規則》。顯然是他覺得我不太懂江湖險惡，才要以這本書提醒我一下。

坦白說我還沒看完，不過，看到明朝太監「錢能」的故事，心有所感，就拿來分享一下。

錢能是弘治年間的著名太監，當時，皇上不放心下面的官員，就派自己身邊的太監去盯著。

仔細想來，太監不好色，沒有老婆孩子，應該比一般官員私慾少些，所以，也不得不佩服皇上「選賢任能」的用心。

問題是鎮守太監的權力極大，有合法傷害眾人的權力。所以，下面的人也不敢不來收買。

當時雲南有個富翁，不幸長了癩；偏偏富翁的兒子是個孝子。於是錢能把孝子找來說：

「你父親的癩是有傳染性的，要是傳給軍隊就糟了！所以，經研究決定，要把他沉入滇池。」

孝子嚇壞了，立刻就決定收買錢能。孝子花了一大筆錢，拚命求情，最後終於取得諒解，錢能撤銷了這個決定。

當時雲南還有個人姓王，靠賣檳榔發了財，當地人都叫他「檳榔王」。錢能聽說了，便把姓王的抓起來說：

「你是個老百姓，竟敢惑眾，僭越稱王！」

擅自稱王，就是向皇上宣戰。檳榔王深知這個罪名的厲害，不惜一切代價消災免禍。

史書上說他「盡其所有」，總算逃過了一劫。

錢能最後怎麼樣呢？史書上說：

「久之卒。」

意思是：老了死了，沒怎樣。

《潛規則》書上說，在權力大小方面，皇上處於優勢，官僚處於劣勢；但在資訊方面，官僚處於絕對優勢。

所以，封鎖和扭曲資訊，是在官場謀生的戰略武器。

你皇上聖明，可是我們這一切正常，當面說好話、背後下毒手，難道真的指望錢能向上稟報：

「最近我成功的完成了兩次敲詐勒索嗎？」

最終擺到皇上面前的，已經是嚴重扭曲的現象。總之，都說皇上是怎樣威嚴了得，但分明是個塊頭很大卻又聾又瞎的人。

哈哈！這本書我還沒看完，但是歷史故事，總是一再上演。宮廷裡和職場裡，其實沒有太大的不一樣。

職場裡的五個「永遠」

這五個「永遠」在職場裡是不變的：
永遠不要搶上司的風頭
永遠要知道你的貢獻是由「誰來定義」
永遠不要把朋友和同事混為一談
永遠要讓老闆離不開對你的依賴
永遠要先訴諸對方的利益

鐵打的的營房，流水的兵。職場裡雖然變化萬千，人會變，事會變，物會變，什麼都會變，但卻有五個「永遠」是不變的。

能在職場叢林裡存活下來的，不是靠你的功勞有多大，而是你能否維繫這些「永遠」。

這些「永遠」如果你能從書裡了解，就可以少走很多冤枉路。當然，你不學也沒關係，因為我相信，經驗是最偉大的老師，而且越痛苦的經驗，對人越有幫助。

一、永遠不要搶上司的風頭

天生我才必有用！你的心、思想、精神，當然不會輕易屈服於平庸。

我們都渴望與眾不同，期待獲得認同，希望創造優秀的成績，並且激勵他人。

當你在職場展現自己，顯露才華時，本來就會激起各方的怨懟及忌妒；但是想要出人頭地的你，不可能一輩子都在擔心他人的瑣碎感受。

不過，在職場中，對於位居你上位的人，你必須採取不同的應對方式。搶過主子的風頭，可能是職場上最嚴重的錯誤。

位居高位的人，永遠希望自己地位安穩，並在智力、機敏、魅力等各方面都優於他人。

上班族普遍的誤解，就是以為只要毫不保留的展露及貢獻才華，就可以贏得上司的喜愛及榮寵，其實這是一個不切實際、致命的誤解。

你的上司一開始可能會假裝欣賞你，但一有機會就找藉口除掉你，並以不如你的人取代你。

建議上班族，如果你自然而然就會散發光彩，記得，要隨口不忘「把光榮歸於你的上司」。

你可以找機會奉承他，或找一些理由，讓他有機會可以好好指導你。必要時，調降你的幽默感及領導能力，讓上司看起來才是最有能力及魅力的人。

如此一來，就可以讓自己避免成為他人不安全感下的犧牲品。

二、永遠要知道你的貢獻是由「誰來定義」

在職場裡，往往有這種現象，你說你的功勞大，我說我的功勞大，他說他的功勞大，請問到底誰比較大？

誰說的也沒用，只有老闆說了才算數。

不管你付出多少努力，或是你的表現已經遠遠超過績效目標，關於你的「貢獻」，絕對不是路人甲或路人乙說了就算數。你是否對公司有「貢獻」，也絕對不是由你自己來定義。

你到底對公司有沒有貢獻？這件事由你的上司來決定。而且上司評估「你的貢獻」這件事，是以他自己的感受及判斷為主。

你是否被褒獎，最主要是「你的貢獻」跟他是否有關。

很多上班族感嘆，我這麼努力，我幫公司賺了不少錢。為什麼我還是沒有得到老闆的青睞及誇獎？

建議上班族不妨反思，你的存在，對老闆真的必要嗎？就算你業績好，但是對他沒有產生他期待的，你的貢獻也不會被褒獎。

三、永遠不要把朋友和同事混為一談

當你處境危急時，自然而然的會想到要找朋友。不過，在辦公室裡，你不要「自以為是」的認為自己能了解朋友。同事平日職場的相處，是競爭對手，也是夥伴，他們會掩飾令人不快的特質，以免冒犯彼此。

既然你可能永遠不知道辦公室裡「朋友」真正的感覺，你辦公室裡的「朋友」，可能不會是你工作出現問題時，最能幫助你的人。

你終究會發現，共事者的技能及才幹，比友善的感覺重要太多了。在工作環境裡，你是要努力工作，而不是交朋友。友誼歸友誼，還是要選能勝任、能合作的人共事。

你也盡量不要僱用你私人領域的朋友，即使他現在需要一份工作。有太多的實例顯示，平日平起平坐的好友，如果哪天忽然變成職場的從屬關係，被施惠的那方，其實並不愉快。

僱用你私人領域的朋友，反而會讓你職場荊棘重重。

四、永遠要讓老闆離不開對你的依賴

職場中老闆什麼都會變，只有一點不會變，就是會傾向雇用便宜的員工來取代昂貴的員工，這也是無可奈何的事。

不管老闆過去告訴你，你們之間有多深厚的革命情感，只要老闆可以少花一塊錢雇用員工，他就不會多花一塊錢。

如果你要保有你的高薪及高職位，你要學會維持老闆對你的依賴。

在職場裡，除了讓自己一直都有優良表現之外，如果公司有接班人計畫，除非你已經有自己下一步職場的規劃，也不要讓老闆覺得接班人可以輕易取代你。

即使是一個非常忠誠的上班族，大約五年，也應該思考一次職涯的轉換。超過五年，雇主對你的表現已經麻木，很難再去珍惜你的表現並給予酬賞。

五、永遠要先訴諸對方的利益

無論是找工作，或在職場上談合作，或是請求協助，談判時都該以「訴諸對方的利益」切入，這樣才容易「成交」。

建議求職者要先研究「目標職務」所需要的「知識、技能、個性、態度」，然後透過履歷表及自傳，充分表達「我的所學所能、符合該工作的需要」，這就是以「訴諸公司的利益」切入。

求職者如果把自己可以被利用的地方說清楚，就特別容易獲得面試機會。職場上談合作也是如此，如果可以先清楚告知對方的利益點，就比較可以達到說服的目的。

現代人的資源及時間都很有限，即使朋友願意幫助你，最好也可以在請求協助時，讓對方知道他的好處在哪裡，或讓對方對自己未來可能的利益報以期待。訴諸對方的利益及期待，其內容必須經過包裝，就像履歷表通常需要適度的包裝。

這樣可以提供給對方更多的想像力與更多的期待，如此一來，你的訴求就比較容易達成。

大嘴巴會危害你的職涯

如果你已經被認為是喜歡說閒話的員工，
建議你趕緊做兩件事：
一是遠離那些散布謠言訊息的人，
就算是只是聚在一起「聽」也不行。
二是無論你聽到什麼，都立即停止。
甚至走出這個群體，
就算被認為是不合群也無所謂。

不管你是在哪種規模的公司上班，你一定會發現，辦公室裡，不分男女，總是會有人喜歡說別人的閒話。

他們不論是說同事的閒話，主管的閒話，或公司的閒話，想說的人，永遠有說不完的素材。

其實愛說閒話的人，倒是不一定有什麼特別的目的。那些人只是喜歡享受一種可以肆無忌憚「評論別人」的樂趣，從中感受到現實環境中無法得到的權威感，或希望藉發表評論，得到他人的注目或重視。

那些喜歡說閒話的人，除了在辦公室的茶水間，走廊抽煙的地方說，現在又多了即時通和臉書等管道可以暢所欲言。

還有人靠著道聽途說的資訊來衝網站流量，這也變成他們自以為是的「人氣」，成為他們一種虛假的成就感。

不過，喜歡說閒話，其實是在替自己製造職場上的潛在危機。

因為喜歡說閒話的人，等於是常常在辦公室裡，製造一種「內部不信任」的氣氛。

所以，如果你時常出現在茶水間、或走廊抽煙的地方，你的主管或管理部的人，遲早一定會看到。

不管真假，你的主管或管理部同仁的假設就是：

「你曾經講我們的閒話！」

所以，他們總有一天會對你報復的。

如果你覺得只是聊個天打發時間，沒這麼嚴重，我只能提醒你：

「不是不報，時辰未到。」

如果你曾在電子郵件、即時通、部落格、臉書等管道講閒話更麻煩，因為用寫的，你的主管更容易看到。

喜歡說閒話的人，讓自己很明顯的變成一個「會背後中傷別人」的人，因此讓自己更容易受攻擊。

辦公室裡是個謠言滿天飛的環境，那些受害人會不由自主的想：

「這次的鬼話又是哪裡來的？」

如果你是一個出了名愛講閒話的人，你的名字就會浮現在受害者的腦中，你成為了嫌疑者，你也為自己樹立了恨你的敵人。

在辦公室裡面，其實大家都知道誰喜歡說閒話，或誰從來不說閒話。於是，喜歡說閒話的人，就被貼上「會背後中傷別人的人」的標籤，結果也造成「自己」成為容易被討厭、被攻擊的對象。

談到晉升機會，如果被認為是喜歡說閒話的員工，即使工作表現不錯，公司高層仍然會認為，喜歡說閒話的員工，不能為一些敏感的資訊保守秘密。

員工如果被升上高階職位，就一定會接觸到公司敏感機密的訊息，所以有可能會因為被認為不能守密，而被剝奪了晉升的機會。

雖然公司裡沒有人會干涉你的言論自由，但是你還是得替這個「愛說閒話」的毛病負起責任。

如果你已經被認為是喜歡說閒話的員工，建議你趕緊做兩件事：

① 遠離那些散布謠言訊息的人，就算是只是聚在一起「聽」也不行。

② 無論你聽到什麼，都立即停止。甚至走出這個群體，就算被認為是不合群也無所謂。

總之，就是要讓自己別成為別人眼中的大嘴巴。

如果，你願意以「不參與」來幫忙「關閉」公司內說閒話的管道，最後的受惠者也將會是你。

因為，有朝一日如果你被升遷，那些愛說閒話的人，照樣也會想傳播關於你的謠言了。

所以，你的提早抽身，會減少關於你謠言的素材，對你比較有利。

不要期待法律的「保障」

公司成立人力資源部的原因之一，
就是可以合法保護公司。
透過看起來合理實際上不是的做法，
把上層不想要的人打發走。
大公司人力資源部的人，
對於表面上合法，
其實是逼退的這種事都不陌生。

有位網友張先生，在我的部落格留言。

他告訴我在兩年前，他曾經參加我在「三十講堂」的講座，結束後，他私下詢問我一個問題。

他說他的女友在去新公司報到那一天，該公司臨時通知，這個職位已經沒有了。

這位網友當時問我怎麼辦？我給他的建議是：

「算了，請您的女友趕快找別的吧！」

兩年後，張先生在我的部落格留言，留言大意是他覺得我當時是在「替企業講話」，所以沒有鼓勵他去提出申訴。他想要提醒我：

「以後你不要再替企業講話了！」

顯然，他誤會了我的出發點。

那天，我僅是在講座結束當時，針對他的問題，提出我直覺的判斷，並給他最省事的建議。

我不是因為站在企業那端才不鼓勵他去申訴，而是事實上我認為，在大多數的情況下，法律不能保障你的工作，只是我當時不方便講這個現實給他聽罷了。

今年過年我同學會時，聽到我的一位女同學說，她碰到的事更氣人。

她之前是在一個外商銀行工作，因為跟原來的上司不合，於是找到其他的工作就離職了。

不過，在她還沒有到新工作報到前，原公司「更上層的老闆」，用更好的條件強力說服她回去，還提供她一個比原公司「薪資更好」的職務。

於是，她放棄了新工作，準備回原來的銀行！

但是，還沒等到回去，原公司找她回去的那位「更上層的老闆」，整個部門都被母公司給「鬥掉」了。因為部門都不在了，所以她也沒辦法回去，就這樣兩頭落空。

她說：「這種事也沒有什麼人可以主持公道，很倒楣，讓我沮喪了好久！」

但過了一陣子，她還是找到別的工作重新開始。

我另一個朋友才能很高、資歷更好。前年，她被一個知名企業重金挖去，風光上任。

但不到一年，她因為某種原因，被公司以「不適任」解雇。不過她認為那完全是因為公司的經營問題，讓她承受了不公道的待遇。

被公司以「不適任」解雇，使她自尊心受到很大的打擊，於是她對公司提出告訴。

這官司一打就是快三年，她也就賦閒了快三年。因為這件事，她每天都很不開心，而且官司到現在還沒結果。

我不知道她之後職場生涯會如何？我也不確定她官司會不會打贏？因為她個性十分強悍，我也不敢勸她。

看多了職場上的事，雖然不喜歡這樣說，但是我真的認為，在大多數的情況下，法律並不能保障你的工作。

這不是我個人單一的意見和看法，一位我尊敬的某大企業人資長對我坦承：

「許多員工都誤以為法律會保護他們，使他們不至於被報復性的解雇，更不會莫名其妙的失去工作，這根本是員工錯誤的安全感。」

別說是在台灣，即使在美國都一樣。在許多工作場所中，員工並沒有被法律保護。如果員工以為法律會保護他們，只是一種自我安慰或是天大的誤會。

大多數公司都高薪聘請了律師和顧問，企業透過這些法律的專業人士，早就找到了很多打「法律邊緣球」的方法。

在大多數的情況下，小蝦米的員工是無法抵抗公司對你的「不當行為」。這位人資長告訴我：

「公司成立人力資源部的原因之一，就是可以合法保護公司。透過看起來合理實際上卻不是的做法，把上層不想要的人打發走。大公司人力資源部的人，對於表面上合法，其實是逼退的這種事都不陌生。」

所以事實是，如果公司要叫你走，自有辦法可以叫你走。而且你可能根本不知道，自己到底倒了什麼楣？自己到底犯了哪一條？

如果沒意外，你永遠都不會知道真象。

公司最喜歡的一種方法，就是利用「管理的手段」讓員工「自動離職」。例如讓你的職場生活變得艱難，你自然就會放棄。曾經有一位當紅主播，因為新主管不喜歡她，就從她原來的黃金播報時段，改調到一節是早上六點播報、另一節是深夜播報的時段。

這種故意的安排，讓她根本熬不過幾個月就遞辭呈走了。

利用「管理手段」讓員工「自動離職」，是一個對公司提供最多保護的方法。

回頭再談為什麼我給張先生女友的建議是：「趕快找別的」呢？因為我不覺得張先生的女友，需要在「這件不公道的事」兜著轉。

坦白說，我還沒有聽過一個去申訴「報到那一天，該公司臨時通知這個職位已經沒有了」，因此能得到什麼賠償的案例。也許有，但肯定案例少之又少，而且賠償的金額也不會多。

張先生女友就算歷經一番辛苦，得到了某些補償，但這段付出（抗爭）跟收穫（補償），真的對等嗎？

職場中真正的保障

有很多員工相信他們的工作是安全的，
因為他們的工作能力好，產值高，而且很努力。
不過殘酷的是，
即使你符合以上的條件，
除非你得到關鍵高層主管的信任，
否則你的工作能力，
並不會真的帶來工作的安全。

當你發現在職場裡越來越不對勁時，別輕忽自己的直覺。

如果你發現公司似乎在利用「管理的手段」，想讓你「自動離職」。我建議，就把這件事當成「嘗試找另一份工作」的機會吧！

當人力資源部挖空心思，要收集足夠的證據來對付你時，你無須去花費心思對抗，還不如去找一家真正欣賞你的公司。

找另一家「真正欣賞你的公司」是一件好事。一般來說，職場上「騎驢找馬」，總是比較容易找到下一個落腳。

而且，如果你「誤會」原來的公司了，他們會因為你的新機會，對你表明你在公司的重要性。

如果你猜對了，你的公司真的正在準備對你不利，你的「及時跳槽」，就可以挽救你的事業。

什麼是公司希望你走路的預兆？

有很多員工相信他們的工作是安全的，因為他們的的工作能力好，產值很高，而且還很努力。

不過殘酷的是，即使你符合以上的條件，除非你得到關鍵高層主管的信任，否則你的工作能力，並不會真的全面給你帶來工作的安全。

若你沒有得到關鍵高層主管的支持，你的貢獻不會被欣賞、你的任何需要也不會被滿足。

上班族一定要記得一件事，那就是你「是否有貢獻」這件事的定義，不是由你自己來決定，「你是否有貢獻」更不是公眾的意見，它甚至不是用數字、績效表現來看，而是由那位「關鍵高層」來決定。

那位「關鍵高層」也不一定公司的最高主管，很可能是你位高權重的直屬主管。有時候新任的空降高階也是。

如果你的「關鍵高層」並不支持你，若你的技能及表現越好，很可能還會因此更觸怒他。

要獲得「關鍵高層」的認同，你要把自己的價值觀調整的與他愈「一致」愈好。而且，要符合他的利益。

「關鍵高層」要你走路的跡象，可能會有以下的情況：

①你感覺到被高層冷落、不受重視。

②你總是接到沒有人願意接受的任務。

③你辦公室的座位很差。

④主管對你的工作表現嚴厲指責，讓你錯愕。

⑤公司把你調過來調過去。

「關鍵高層」要你走路的原因，也可能是：

①與別人相比，你的薪水比較高。

②你跟「關鍵高層」的關係很普通，而他可以決定誰留下誰走人。

③你對「關鍵高層」的政策發表過不同看法，造成他的不滿。

④你的主要客戶已經不在了，你的利用價值減弱。

⑤「關鍵高層」有想要用的「自己人」，他要用那個人取代你的位子。

在漫長的職業生涯中，每個人都或多或少都犯過足以威脅到自己職業生涯的舉動。如果員工犯了錯，往往得不到上頭的糾正，而是被悄悄排擠到一旁。人資主管原本該告訴你的是：

「你的主管不喜歡你，這個月他必須裁減一些人來實現預算目標。」

或是「你的主管不認同你曾經發表過和他政策不符的言論，所以不打算再留你了。」

但是，公司人資部門一定會用「聽起來更合理」的理由來應付你，因為如果告訴你實情，引起訴訟就太麻煩了。他們寧可用謊話來打發你。

所以，員工保護自己不受這種打擊的方法，就是要與「關鍵高層」的價值觀一致，並想辦法變成他的自己人。

如果他認同你的貢獻，你的職務才會獲得真正的保障。

生涯轉換的勇氣及理性

企業家之所以能成人所不可成者，
必須具有實力，以及善於把握機會。
「實力」往往來自於之前的努力及磨練，
甚至是來自於曾經經歷不同環境的洗禮；
而「機會」則是靠自己創造，
以及由於多看而產生的觀察力。

有許多人喜歡來我的部落格，跟我討論職場上所碰到的困擾及壓力，他們很迷惑的問我：

「到底我該不該換工作？」

歷經金融海嘯後，似乎上班族的「轉職行動」已經相對保守；但是「驛動的心」卻未曾停歇。

在台灣，有非常高比例的人隨時都在想換工作，而且愈是年輕的人，愈是容易付諸實踐。

年輕人經常轉職，可能跟他們的家庭經濟壓力較小有關，或是因為初入職場，以致抗壓力的確比較低。

不過，年輕人頻繁轉職，的確也造成了企業的困擾，於是許多企業不願意雇用年輕人，最後演變成年輕人就業困難的惡性循環。

但是年紀較大的人，也不見得不想換工作。許多遲遲沒有行動的人，只是礙於家庭經濟壓力的因素，擔心收入中斷，往往身不由己。

這類身不由己的人，好像是職場上的「低溫上班族」，每每過一天算一天，早已缺乏對工作的熱忱，只是在工作崗位上不耐煩的待著。

因為缺乏工作熱情，於是能力不會隨著年資成長，因此競爭力漸漸消失。

但也別以為不換工作就會沒事，當不景氣來襲，年紀較大的人，如果被企業認為「性價比（性能vs價格）」低，反而很容易變成企業最先犧牲的對象。

更糟的是，中高齡失業的問題不只是影響個人，背後還串聯一個家庭的生計。

所以，不管是何種年齡層，都會遇到換工作的議題。除了思考該不該換工作之外，也該培養「換工作的能力」。

換工作到底好不好？其實沒有標準答案。而且，現在已經到了往往「由不得你」的高度變動時代。

如果在很年輕的時候，就找到興趣所在，並投注一生的心力，成為這方面的專才，又未曾經歷什麼不可抗拒的變數，這種幸運其實已經很少見。

隨著時代的變遷，景氣的劇烈變化，上班族難免遇到產業的外移、公司的變革、甚至職務的消失、因爭取資源引發的內鬥等狀況，即使你不想轉換跑道，也不一定能如願以償。

另一種可能是由於學習、接觸新事物，產生興趣後，人往往希望能追求「新領域的突破」，這時候，如果既有的工作無法滿足這種新的追求，「轉職」就成為一個必然的解決方法。

大多數在職場上卓然有成的人，其實都沒有從一而終的在一個位子上待一輩子，那些成功人士往往因為某一個突發事件，繼而追求另一個生涯目標。

但是這些企業家之所以能成人所不可成者，必須具有實力，以及善於把握機會。

「實力」往往來自於之前的努力及磨練，甚至是來自於曾經經歷不同環境的洗禮；而「機會」則是靠自己創造，以及由於多看而產生的觀察力。

談到「換工作」可能有以下幾種情形：

一、非自願性質的轉職

台灣景氣差已經連續很多年了，加上百年難得一見的金融海嘯，也造成了許多白領菁英「意外的」有了失業的經驗。

不管你是菁英，還是一般人，上班族遇到公司的裁員，合併，或公司倒閉等因素，不得不轉職的情形比比皆是。

非自願性質的轉職根本不是特殊現象，重要的是你要怎麼面對。

如果遇到非自願的因素，可能是公司體質不好，已有預警。不過像金融海嘯來得又急又猛，就真讓人措手不及。

建議上班族平日就要多關心公司營運狀況及策略方向。還有景氣好時，一定要想辦法「多存糧」。而存糧包括存錢、累積漂亮資歷、還有透過進修加強職能等等。

多存糧，未來可以幫你「過冬」。如果已經有準備（實力比較強），遇到非自願性的轉職時刻，就把存糧拿出來用，並保持平穩的心情，積極的另謀出路。

金融海嘯時，我有很多主管職的朋友意外丟了工作，歷經震撼教育，他們這陣子紛紛找到新的舞台。

我覺得求職者當碰到「非自願性質的轉職」，最難克服的是「自我心情的調適」，以及面對面試官時，是否依然擁有「自信態度」。

丟了工作，許多人會感到很消沈；不過消沈的態度在面試時，卻是絕對行不通。面對面試官時的態度，一定要積極。坦白說，這還真的要「練過」才行。

二、工作內容的變化或不合理

隨著整體經濟環境的惡化，許多上班族也退而求其次，只求一個穩定的公司。然而這個微薄的願望，也未必能達成。

經濟不景氣時，企業會不斷的調整目標，及賦予員工更多的要求及職責。這時，工作內容往往會和原先的職務內容不符合。

即使是很積極的上班族，遇到這種處境也可能因為不合理的工作內容而萌生去意。例如，不合理的超時工作，不合理的業績目標，沒有支援的工作等等。

建議上班族遇到工作內容的「變化」時，可以挑戰看看；但如果遇到「不合理」，就要看情形。

企業中個人工作內容的調整，是不景氣時最常發生的事情。尤其是大部分的企業，傾向以「遇缺不補」的方式來節省人事的開支。這時候，分擔離職同事的工作，是很常見的現象。

除非工作的質或量太不合理，或是離自己的專長太遠，工作內容會觸犯法律等等，否則也不見得要馬上離職。

建議上班族可以嘗試學習適應不同的職責，如果你抓住了新舞台好好表現，也許反而讓自己成為組織中不可或缺的人才。

三、感覺自己在組織中沒有發展

如果工作無法將個人的優點發揮，許多人會產生不滿足的感覺；而公司沒有適時的給予肯定及尊重，也會讓「求成取向高」的上班族心生不滿。

另外，升遷管道不暢通、階層太多、感覺公司格局太小、與未來生涯發展不能吻合等等，都會讓上班族萌生去意。

如果要找尋有發展的職務，必須從了解自己開始。建議上班族檢視自己的「能力、學歷、經歷」，然後在求職網站中搜尋符合自己專長的工作。之後，撰寫能夠有效呈現優點的履歷表，主動投遞，努力爭取符合志趣的工作。

四、工作環境人際氣氛差

人是感覺的動物，辦公室氣氛惡劣，也是員工跳槽的重要原因之一。

許多公司在成立初期雖然規模小、資源少，但是大家反而同舟共濟、互相體諒；等到公司規模變大，卻變得自私起來。

工作環境人際爾虞我詐，其實比繁重的工作更令人討厭，也是員工離職的重要原因之一。

不過話說回來，工作環境的氣氛和人際問題哪裡都有，只是程度大小而已。

如果因為這個原因轉職，也要考慮下一家公司也有可能有同樣的問題，所以應該試著調適自己，讓自己適應環境看看。

建議上班族不要把太多「注意力」放在人際的問題上，盡量去找尋工作中其他的意義及價值。

以我個人的經驗來講，專注於工作本身的價值，就可以讓人際問題「干擾」的程度縮小。專注於工作本身，你一定會比較快樂。

總之，在這個時代裡，「生涯轉換」是一種必然性，上班族需要面對生涯轉換的勇氣，以及運用許多的理性判斷。

不過幸好生涯轉換已經不是一個寂寞的過程，而是所有人的共同經驗。

對我而言，與其在臨終前怨嘆自己的工作不快樂，不如一直積極的去尋找、或創造適合自己的環境。

這就像擇偶一樣，不但難，還要有點緣份。面對生涯轉換，上班族不但要有勇氣，也要加上許多理性的思維。

最重要是不要怕，因為人人都可能會碰到。

上班族「生涯拼圖」概念

如果把「失業」看成一個可以認同的過程，也就是把全職、兼差、派遣、創業及失業，都當成人生職涯「拼圖」的一塊。上班族就可以隨著外在環境的變化，以比較輕鬆的心情作調整。

從二〇〇八年第四季開始，百年難得一見的金融海嘯，讓台灣有了「白領菁英弱勢」與「無薪休假」的新名詞。

二〇〇九年前三季，我一整年都在做失業族群的輔導的免費演講。當時最深刻的體驗，是金融海嘯不只讓社會新鮮人、中高齡人士失業，也讓許多過去無論在學業、工作都相對順利的「白領菁英」，失去了工作舞台及信心。

這是過去我在人力銀行十年來，從不曾見過的現象。

當歐美的訂單銳減，工廠的產能利用率驟降到四成以下，無論是企業或是個人，都對於未來感到一片灰暗。

這時候，不願意裁員的企業，先釋出「無薪休假」的措施；有些公司對未來前景看得更為悲觀，於是開始裁員減薪，甚至可能裁撤整個部門。

這時候，個人被裁員與過去「考績好不好、對公司貢獻大不大」，已經沒有什麼關係了。

於是，過去一直被公司當作寶貝的白領菁英，人生中第一次感到「原來自己也會有一天不被重視」，變成了職場裡的「弱勢」。

因為金融海嘯讓每一個公司都發生類似的焦慮，所以這段時間就業市場釋出的「白領菁英」，當時也不容易有可以轉戰其他職場、可以跳槽的落腳。

在那艱困時期，人力銀行甚至還開了針對高階人士教學的履歷表及面試課程，而且頗受歡迎。因為「白領菁英」過去一直是被人挖角，缺乏自己找工作的經驗，所以履歷表及面試技巧，還必須從頭學起。

雖然後來景氣漸漸回春，但「白領菁英」的困境過了嗎？

我敢說，現在肯定比金融海嘯時期好。但是仍然有許多深受打擊的白領菁英，還沒有走出來。

有位白領菁英就在我的部落格留言，說他已經待業一年半，受傷的情緒仍未恢復。

其實我可以瞭解這種打擊，所以，我才會提出「生涯拼圖」的概念。

所謂「生涯拼圖」概念，是一種對「職涯認知」、「自我期許」的改變。

一旦你的認知隨著時代的改變而改變，至少當面臨挫折壓力時，心裡這一關可以比較容易過得去。一旦心念開了，未來的機會也會打開。

我認識的大多數「白領菁英」，從小根深柢固的認知就是：「只要我好好讀書、考上好學校、進一個好公司、努力工作，未來的前途應該是一片光明。」

本來這樣的想法也沒有錯，但因為這種菁英的信念太強，反而愈發不能接受職場的風浪。

經濟情勢有如氣候，變化詭譎，而景氣的起落無常，也已經是既定的變數。當「海嘯」襲捲而來，它是不會管你的學歷、性別、考績，是無一倖免的。所以，你的「認知」及「身段」，也要隨著時代改變。

「生涯拼圖」概念其實很簡單，就是把「全職」、「兼差」、「派遣」、「創業」及「失業」，都當成人生職涯「拼圖」的一塊。

在景氣好的時候，「全職」工作比較多，喜歡「全職」的台灣上班族，就儘量把握「全職」工作機會。

如果景氣變差，企業不太想找人，會把工作外包。這時沒有「全職」工作，就考慮來「兼差」以度過難關；而「派遣」也可以是一種暫時的工作選擇。

至於現在流行的「創業」，由於網路平台的存在，成本可以變低，甚至有創意的年輕人，也可以從「創業」開始。

至於「失業」，不要把它看成人生的失敗。請去看看最近很紅的《型男飛行日記》，就知道「失業」不是任何人的專屬遭遇。一旦發現那是常態，你會釋懷許多。

十五年前在西雅圖讀書時，我的美國人鄰居郝爾，是波音飛機公司的資深工程師。當時的西雅圖留傳一句話：

「波音打噴嚏，全西雅圖都感冒！」

因為通訊電信產業的崛起，商務人士不再需要經常的公務旅行。於是，波音飛機公司的訂單驟降，有時候甚至一整個廠房都關掉，往往不景氣時一裁員就上萬人。

但當時西雅圖的人口，有很大比例是在波音公司工作，所以一裁員影響甚巨，當時我在西雅圖藝術學院讀書，有一天放學時，看到我的鄰居郝爾，上班時間竟然在後院種花，神態頗為輕鬆。我問郝爾：

「您今天怎麼有空？」

他抬起頭來說：「我被裁員了，所以暫時不必上班。」

但我看他的神情，似乎還滿優閒的。

當時我年紀小不懂事，而且十幾年前台灣的失業率很低，對「失業」的概念是覺得很恐怖。我很失禮的問他：

「那您看起來怎麼不緊張呢？」

郝爾告訴我：「文仁，在我們美國，如果一生沒被裁員個一兩次，人生歷練是不完整的。」

我記得當時他一邊講，一邊還微笑著。

郝爾是一位我很尊敬，氣質很好的長輩，我很相信他。當時的我就學習到：

「原來一個人可以用這種角度來看事情啊！」

如果不把「失業」當成天大不得了的事，甚至平常心看待，對情緒的影響就不會那麼大，這樣對身邊的人，也不會造成情緒暴力或壓力。等到景氣恢復，工作機會變大，自然就可以用好的心情、好的精神去找下一份工作。

這是我當年在美國人郝爾身上學到的東西。如果把「失業」看成一個可以認同的過程，也就是把全職、兼差、派遣、創業及失業，都當成人生職涯「拼圖」的一塊。上班族就可以隨著外在環境的變化，以比較輕鬆的心情作調整。

另外我想講的是，美國的社會福利比較好，所以台灣人要比美國人，「更積極」面對及適應景氣的起伏。

人的一生中，如果工作的年資三十五年，大概會經歷七次的景氣循環。景氣好時，工作機會比較多、賺錢比較容易、心情比較好、學習力也會比較佳。

所以，不妨趁這個時候累積資源，包括比較好的履歷表資歷、存多一點錢、學多一點東西。這樣兩、三年以後，可能就會碰到下一次不景氣的開始，公司會開始遇缺不補，工作機會愈來愈少，狀況差的時候還會裁員減薪。

到了那時，之前存下來的資歷、錢、技能，就是你利用景氣好時的存糧，存糧可以幫助你度過景氣的寒冬。

最後我想提的是，目前企業最在乎的職能，仍然是業務力、行銷力、英語力、研發力、創意力、執行力及EQ能力等等。

至於產業，過去金融海嘯讓科技及金融產業重創，但科技及金融業將不斷釋出許多的工作機會，不過仍以科技業工程師及金融業專業型業務為最主要的職缺。

除此之外，未來台灣的經濟發展走勢將往文化、創意、休閒、觀光、娛樂的產業發展方向，求職者現在投入休閒、旅遊領域，也是一個不錯的時機點。

Part Ⅳ

找出自己的亮點

只要早日找到屬於自己的「亮點」，
找到自己最迷人的地方，
那就是你在工作職場最吸引人的地方，
也是最可能成功的地方。

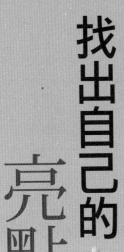

孔子也是求職者

從各國都願意給他「聘書」來看，
孔子是一個有「個人品牌知名度」的賢才。
在職場上，過去累積的漂亮「資歷」，
對於求職是有用的。
如果一位求職者擁有值得講的「故事」，
就有「需要他的雇主」願意給予機會。

趁著轉業的那段空檔，我享受了很多平日很難有空去做的事。

搶先去看了周潤發演的《孔子——決戰春秋》，讓我對這位至聖先師，又多了一些瞭解。

除了過去課本上教的，他是個讀書人、是個偉大的思想家以外；我也忽然發現，周遊列國的孔子，其實也是歷史上第一位「跨國求職者」。

還是先談談《孔子——決戰春秋》這部電影的故事背景。

春秋時代，周室王朝衰微，各諸侯國割據一方，諸侯也為稱霸而征戰不休。

孔子為社會亂象憂心，於是他獻身教育開設學堂，擁有門徒三千，賢人七十二。孔子希望以他超越時代的思想，來影響春秋諸國的治國。

孔子五十一歲時，任職魯國「中都宰」一職，本來得到魯定公之賞識及支持，但其理想卻不容於政治的殘酷、人為的鬥爭而難以施展其志。

雖然在一場齊、魯兩國邊界的會盟上，孔子建立了奇功，不戰而屈人之兵；但隨後孔子主張「墮三都」，就是要拆除魯國境內三大宗室的私人城池，但遭到權臣抵制，即使魯定公親自率軍包圍也沒有攻下，孔子也因這件事不容於魯定公及巨室季桓子（季孫斯），被迫離開了魯國。

在此之後，孔子就率領著弟子奔走在列國，長達十四年之久。他曾數度被亂軍圍困而身陷絕境，也曾被捲入政治陰謀的旋渦。但孔子不改其志，周遊列國傳播「淑世」思想，想改造時代，只可惜各地霸道橫行不容其主張。

孔子有智慧、有才能，但空有才能志向，絕對是不夠的。即使偉大如孔子，也必須要有認同他的才能，且有「實力」的諸侯，才可以讓他有發揮才能的空間。

這就是「千里馬也需要伯樂」的意思。

從孔子周遊列國的事件，也可以引申到現在的職場。

所謂職場的「伯樂」，是有意願、有實力給「千里馬」糧草，並給予「千里馬」安身立命的所在。

「伯樂」以慧眼視英雄，以任用賢才，給「千里馬」馳騁的舞台發揮及貢獻專長，並以此達到「伯樂」自身的利益及目標。

但孔子為什麼要周遊列國？

從各國都願意給他「聘書」來看，顯然孔子是一個有「個人品牌知名度」的賢才。

在職場上，過去累積的漂亮「資歷」，對於求職是有用的。如果一位求職者擁有值得講的「故事」，就有「需要他的雇主」願意給予機會。

從孔子時代就已經證明，「個人品牌」是工作者值得努力的方向。

但也許很多人也會疑惑，擁有「個人品牌」孔子，為什麼無法長久的在一個地方發展呢？

從《孔子——決戰春秋》這部電影中可以看出，小至公卿為了個人利益權位，大至為國家勢力，無人不為「稱霸」而征戰，亂世中政治鬥爭比比皆是，孔子走遍列國，無一倖免。

在孔子周遊列國的過程中，縱使曾經有不少欣賞他的君主，甚至是一介女流如衛國的南子夫人，也欣賞他的才能；但當改朝換代或政治鬥爭時，孔子仍然必須帶著門徒蒼皇而逃，好不狼狽。

孔子說：「危邦不入，亂邦不居」。可見即使有理想及才華，所處的環境仍然決定性的影響其表現。

這讓我想到最近在一次電視錄影中，唐湘龍大哥告訴我：「不要說你不懂政治，政治即是生活。」

他說：「不懂政治就是不懂生活；不懂生活，就無法活的好。所以，你一定要懂政治。」

誠哉斯言！但不知孔子在歷經那麼多的職場轉換，最後究竟有沒有看透這個道理呢？

「經營個人品牌」的方法

新雇主根本還沒有面試，
孔子就憑著他的「個人品牌」，
幫自己找到了更高薪的新工作。
可見「經營個人品牌」，從古到今，
都是工作者值得努力的方向。

有點社會經驗的人就該知道，職場從來就不是太平天國，而是春秋戰國。

所以，周遊列國的孔子，其實也跟一般人一樣，是一位到處找工作的「求職者」。

更辛苦的是，孔子這位「跨國求職者」的包袱還真不小。周遊列國的孔子，可是帶著一整個團隊（一大群門生）跟著走。要雇用他的老闆，還必須是「財力雄厚」的大老闆才行。

當然，春秋時代的諸侯們，的確是有雇用「一整個團隊」的實力。

孔子周遊列國時，從各諸侯都願意給他一份「聘書」來看，孔子是一個有「個人品牌知名度」的賢才。

所以，即使他在魯國，因為政治鬥爭失敗被迫離開，但在周遊列國前，孔子在魯國的「職場」，還是有一個漂亮的台階讓他離職，因此馬上就有衛國等新的職場發展空間。

孔子的才華能跨國美名揚，是因他的能力已經有機會得以驗證。所以，求才若渴的新雇主，衛國的君主馬上能給他六萬擔糧食的「年薪」，高薪聘請他領導的整個團隊到衛國。

新雇主根本還沒有面試，孔子就憑著他的「個人品牌」，幫自己找到了更高薪的新工作。可見「經營個人品牌」，從古到今，都是工作者值得努力的方向。

要建立「個人品牌」，我認為首先要確認的，還是「品牌的核心價值」是什麼？

舉例來說，過去在我的部門，有位受人歡迎的「生活大師」游先生。

游先生正式職務是行銷處的設計主管，他做人謙遜低調，但把部門管得很好。除此之外，由於他博學多聞，同事一碰到問題，第一個就想到問他。所以他在本部門多年，一直有「生活大師」的美名。

另外，由於他對於理財非常有心得，同事有理財上的問題，也會私下請教他的看法。

兩年前，游先生想要轉換跑道，他告訴我說：「我準備考金融證照，未來要轉行成為金融業的理專。」

我身為他的主管，認為游先生的離開會是本部門的重大損失，因此非常的捨不得。但我知道他就算轉換跑道，一樣大有前途。

不只如此，我還確定包括我在內，本部門的一、二十人若有理財需求，每個人都會信任他，願意變他的客戶。等他開始在金融業執業，我們都是他的基本盤。

游先生雖然不是名人，但他仍是一個擁有「個人品牌」的上班族。他的「個人品牌」在於博學多聞，而且他常久的形象，讓人有「事情可以交給他」的信賴感。過去幾年來，他身為設計主管，他的表現很稱職。所以如果他要換工作，我隨時願意給他寫推薦信。

另外他的理財專業知識，是他另一個「個人品牌」的項目。這個「個人品牌」，也可以幫助他走到另一個職業舞台。

「經營個人品牌」有不同的形式，游先生的方式，是人人都可以效法的。他的核心價值多元，包括設計、管理、理財等等。也因為長久以來「一致性」、「討喜」的作風，以及他的好人緣，讓他可以在不同領域發揮。

所以，以游先生的例子看來，找到核心價值，再以討人喜歡的風格，持續、一致的努力，這就是「經營個人品牌」的方法。

尋找可以實現理想的地方

一旦雇主認同，
個人就可以在其核心品牌價值上，
發揮創意，並持續的努力，
於是就可以達到
與企業「相輔相成」的結果。

上班族都知道，要經營個人品牌，需要一個「舞台」。而上班族的工作場合，就是他的舞台。

上班族的舞台，某些固然可以自己創造；但大部分的舞台空間，還是必須等雇主給你。

只有極少數的雇主，會特別支持你經營個人品牌，除非跟雇主自己的利益相關。

上班族可以思考：為什麼雇主願意給你舞台呢？

其實，雇主考慮的是：你的能力，是否可以為企業及雇主帶來利益？一旦雇主認為「是的」，雇主就會願意給你舞台了。

早期的莊淑芬、孫大偉、范可欽，都是出自「奧美廣告」的知名廣告人。

這三位廣告界的大師，每位都擁有極佳的個人品牌；一直到今日都號稱台灣廣告界的教父、教母，無人可出其右。

雖然他們後來都有不同的生涯發展，也開了自己的公司，但其創意名聲，流傳至今。

奧美廣告就是因為當年有了這三位廣告界的品牌人物，讓台灣的奧美廣告長期擁有「最佳創意」、「廣告聖堂」的美名。

這就是企業內的工作者，擁有了好的個人品牌，的確可以帶給企業利益的實際例子。

而且，如果該企業對於行銷預算是很緊的，企業內擁有幾位「高個人品牌知名度」的員工，就可以以「人」的露出，省下大筆的行銷費用，也可以因此獲利。

例如當初東森購物頻道擁有「利菁」，而「利菁」是購物頻道的天后級人物，和東森購物頻道相得益彰。她個人年薪極高，也跟東森購物達到雙贏的局面。

要擁有職場個人品牌，「雇主的認同」是很重要的。一旦雇主認同，個人就可以在其核心品牌價值上，發揮創意，並持續的努力，於是就可以達到與企業「相輔相成」的結果。

對個人而言，因為有了產值，成就感增高，機會變多了。對企業而言，企業在低成本之下，有更大的曝光，也被視為雇主心胸寬大的絕佳工作舞台；可以吸引更多優秀的人才加入。

至於擁有個人品牌的員工，是否會永遠留在同一個企業中呢？這要看對人才而言，該企業是否能有繼續讓他滿足的舞台；或是，雇主是否能長久一本初心，願意給予人才栽培。

雇主的意願，往往跟企業的不同階段任務、不同策略方針有關。

不過，也許是我悲觀，我一直認為，企業沒有義務、也沒有必要永遠提供人才一個舞台，所以，人才往往到最後還是要「靠自己」。

這時候，你往往得拿出你過去的漂亮資歷，到下一個賞識你的地方。就像孔子周遊列國一樣，一直再尋找可以實現理想的地方。

做一個「復原達人」

上班族一定要讓自己更快樂。因為，愈來愈多的心理學資料顯示，工作者的「工作情緒能力」，與「卓越工作表現」的關聯度最為密切，而「技術專長」的影響力反而是其次。

人生不如意事，十之八九；大多數人的「八九」，也都發生在職場。

二〇〇九年年底，我在職場上也遭遇了這「八九」，雖然我意外離開了原職，但慶幸我仍然工作滿檔。

我也算是一個很開朗的人了，但在這件事剛發生時，偶爾還是會有「難過到想死」的時刻。

幸好，我的復原力很強，不會讓自己卡在憂鬱的情緒太久。

所以，與其說我是什麼「職場達人」，不如說我是「復原達人」吧！

既然我發現了自己是個「復原達人」，我也就應該提供一些讓上班族更快樂的秘訣。

幾年前開始，台灣媒體對職場憂鬱症（melancholia）的話題就始終不斷，似乎好像全台灣的上班族，人人都生病了。

其實，上班族的「不幸福情緒」，不一定全都嚴重到「憂鬱症」的地步。

大多數上班族的「不幸福情緒」，應該有可能只是不快樂（unhappy）、小憂鬱（I am down）、焦慮（anxious）或沮喪（depressed）等等，不一定嚴重到必須吃藥的地步。

不過我堅持，上班族一定要讓自己更快樂。

因為，愈來愈多的心理學資料顯示，工作者的「工作情緒能力」，與「卓越工作表現」的關聯度最為密切，而「技術專長」的影響力反而是其次。

另外，心理學家也表示，在組織中職位愈高，EQ的影響就愈顯著。傑出的企業領袖在「EQ特質」上，表現出明顯優勢，這些與領導效能息息相關的特質包括了「影響力、自信、成就動機、特質、適應力、同理心」，以及激勵員工的「團隊領導能力」等等。

所以，在企業中有效的領導管理，端賴卓越的領導EQ。

上班族必須有好的「工作情緒」，在職場上才會有優異的表現；而「工作情緒能力」也是這個時代最重要的職場競爭力。

要有好的「工作情緒」，就要先研究有哪些原因，會造成我們在職場負面的「工作情緒」。

一、選擇適合及認同的工作

究竟有什麼事會讓上班族最不快樂？

我想，上班族若「缺乏選擇權」，應該是最令人不愉快的指標之一。所謂「缺乏選擇權」，就是處於一個「不適合」或「不認同」的工作環境，卻沒有其他的選擇餘地。

沒有「其他的選擇餘地」，造成上班族的無力感和不安全感，自然會讓人憂慮。

選擇「適合」及「認同」的工作，是快樂工作的首要條件。如果上班族要有「其他的選擇餘地」，最實際的作法就是加強自己的條件。

例如增進專業能力、業務力、雙語能力等等；如果能力足夠，就可以選擇「適合」及「認同」的工作。

當個人的所學、所能與興趣，和其工作內容能相呼應，就可以發揮長才。

求職者在找工作或換工作之前，應該儘快找到自己的興趣和專長，鎖定「適合」及「認同」的工作，日後才有「樂於工作」的可能性。

二、保持健康，學習釋放壓力

不過，即使找到了「適合」及「認同」的工作，還是會有壓力的。愈好的工作「挑戰愈大」，所以，只要能工作的「辛苦卻不痛苦」，應該就是值得追求的境界吧！

一般來說，生產力高的人，通常也有比較好的「抗壓能力」；「抗壓能力」並不是一味忍耐，而是有效的「處理壓力」，讓壓力替自己的工作加分而非扣分。

以生理來說，消除壓力正確的方式，不外是透過「充分的運動」、「良好的睡眠」、「適量的營養」等，才是消除壓力的不二法門。

以我個人的經驗來說，「充分的運動」最為有效，不但可以讓人壓力得到最佳的釋放，特別是游泳、瑜珈、舞蹈及球類運動更有效。

至於一般上班族喜歡用的酒精，鎮定劑、安眠藥和香煙等，雖然可以短暫地達到目的，卻會付出健康的代價。

三、學習鼓勵自己、樂觀思考

再來就是「心靈改革」的部分。

據我的觀察，在組織中，最積極的員工，通常也是最容易「掛點」的那一個。

因為在身心疲累感太重的狀況下，只要挫折一來，情緒上的「無力感」，會比「實際該有」的更沉重。如果精神一旦繃斷，情緒也就難以恢復了。

以我個人的經驗而言，在職場上即使非常努力，短期內也未必看得出「立即的成果」。

我認為，工作上的進步，可能需要一段潛伏期。如果一直朝正確的方向努力，就算一時之間沒有明顯的進步，可能時機一到，就會一口氣提昇許多。渡過了停滯期，又是下一階段的進步。

所以，我自己的方法是在狀況好的時候，不妨多努力把握每一個可能性；但是如果我某一段時間，身體、精神狀況都不佳，我就不會太勉強自己。因為，精神不夠卻勉強往前衝，很容易造成反效果。

我也是這幾年來，才學會好好的「鼓勵自己」的。

懂得「鼓勵自己」很重要。如果一時覺得運氣很差，什麼事都做不好，我會放慢腳步，回顧一下自己過去達成的事績。

我發現，過去許多困難的事，已經經由努力克服了。我會提醒自己：

「原來，我已經進步了那麼多！」

在逆境時一味的猛衝，只是浪費能量。上班族可以在不順利時喘口氣，替自已「安定軍心」，暫時休息一下，等體力、精神都恢復良好的狀態，再來重新努力。

四、學習和正面思考的人交朋友

對於一個焦慮不安的人而言，周圍所有情況都是負面的。上班族此時應該肯定自已，盡可能使自己保持愉快；而周圍的人的互動，也是影響情緒的要素。

你有沒有發現，悲觀的人周遭大部分都是悲觀者，而樂觀的人身邊亦多為樂觀者。

因此要想改變命運，就必須和樂觀者多多來往。以命理中「運」的神秘影響也可以說明，旁邊的人，的確可以改變您的能量磁場。多和好運，開朗的人來往，你會發現做事會順利很多。

因此，我選擇和正面思考的人交朋友。

「成功」的定義

在職場上只要達到以下三點，就是我所定義的「成功」：
一、我是好人。
二、我是有用的人。
三、我是快樂的人。

我的朋友ALEX，是我見過「最樂在工作」的一個人。他曾和我分享「西雅圖派克魚市場」（Pike Place Fish Market）的例子，來說明快樂工作的道理。他說：

「西雅圖派克魚市場裡的魚販，創造了一種『遊戲』的工作態度。他們把冰凍的魚像棒球一樣，在空中拋來拋去的傳遞，並且互相唱和。因為這些魚販認為，與其死氣沉沉的工作，還不如自己改變工作的品質。」

擺脫憂鬱，就能創造如魚得水的工作氣氛。而如魚得水的工作氣氛，則是要靠自己創造。想達到「樂在工作」的心境，有以下四個步驟可以遵循：

一、選擇你的態度（Choose your attitude）

你可以決定你今天是否要以快樂的心情度過這一天，或者是以不快樂的心情度過。

二、做到這一點（Make it happen）

當你選擇了用什麼態度來面對今天的時候，你必須實踐它。

假設你一早起來選擇以快樂的態度面對今天，那麼不管到了公司是不是被客戶拒絕，或是被老闆K了一頓，都要保持愉悅的態度，來實踐快樂的承諾。

三、有樂趣（Have fun）

你要讓自己的工作內容變得快樂，如果能把興趣和工作結合，當然很快樂。

但如果工作本身讓人難以感到有趣，你也可以像西雅圖的魚販一樣，自己創造快樂的來源。

四、讓別人過這樣的一天（Make others their day）

你要讓身邊的長官、同事、客戶，都感覺到被你重視。

這樣不但能讓自己快樂，也能為周遭的朋友帶來快樂。

我跟ALEX學習了很多。所以我覺得，在職場上只要達到以下三點，就是我所定義的「成功」：

一、我是好人

我的工作對社會有意義，而且我的身體及心理是健康的。

二、我是有用的人

我的所學所能及興趣，符合我的的職務需要。

三、我是快樂的人

我有選擇，我選擇了合法、正直，而且是我認同的工作。

前面有更好的工作在等著你

也許你做得太好了，
因此對你的上司構成了威脅，
說不定他還會解雇你。
但被解雇在職場裡是福不是禍，
這代表你在這個崗位已經待太久，
離開了這份工作，
前面一定有更好的工作正在等著你。

我在離職後就下定決心，既然離開了之前的奉獻十一年的工作崗位，之後無論找多久，我都一定要選擇一個喜愛的工作，並且做最好的自己。

我認為，一個人會「愛」的工作，其實就是適合自己的工作。

你想想看，人的一生中，有多少的時間是花在工作上？所以，盡力去選擇做自己喜歡、適合的工作，是一件攸關你工作幸福，也是多麼重要的事情。

不過問題是大部分的人，都弄不清楚自己到底適合什麼工作？這可不只是社會新鮮人的迷惑，甚至於許多職場的老鳥都弄不清楚。

當然，和別人一樣，對於這個重要的問題，我也同樣會經過一個摸索的過程。

如何找出自己喜歡及適合的工作？我的建議如下：

如果你已經在上班，一方面，你必須履行你目前的工作職責，但同時也要努力尋找符合你心靈上、物質上都能滿足你的職業。

如果你還是大專學生，也可以透過實習、打工來摸索。

為什麼我會建議你先履行你目前的工作職責呢？原因是一般人的生活並不富裕，大部份的人無法先辭掉工作，沒有收入的一直在摸索。

而且，以我個人的經驗是：你目前的工作場所，就是能幫你找到你「喜歡什麼？適合什麼？」答案的最佳處所。

以我個人為例，十五年前，我在美國拿了兩個藝術的學歷回台灣，當時，藝術的學歷讓我很難找到工作。

所以，我剛開始，是進入外商廣告公司當創意總監的秘書兼翻譯。

十五年前，在幫我的主管翻譯大量英文的會議記錄及文件的過程中，為了要翻譯的清楚正確，我必須不斷請教廣告公司的行銷及創意人員。

在不斷溝通的過程中，我發現行銷與廣告，才是我非常喜歡的領域。所以，當我離開秘書兼翻譯的工作時，我的下一分工作，就是消費性產品公司的行銷人員了。

在人力銀行工作時，為了要說明「如何用網路求職」，我必須一場一場到學校說明，於是我擬了一個「如何在求職時脫穎而出」的演講課程。

一開始，目的只是為了推廣大家還不熟悉的線上產品及服務。雖然前面三十場校園演講，學校都認為是人力銀行公司的宣傳活動，所以不會提供車馬費。但後來因為演講內容大受歡迎，許多學校開始積極邀約，意外的「演講」就變成我適合、喜歡的新職能，以及另一個收入來源。

如果你現在還不知道自己喜歡、適合的工作是什麼，我會建議你就好好做目前的工作。因為一旦你履行了自己的職責，就可以大大的縮短「等待」、「摸索」自我專長的時間。

在現有的工作裡，你若能體會到自己的天賦專長，甚至也許比你想像的更快，適合你人生發展的下一個階段就產生了。

或許你的老闆會給你升職，他給了你做更貼近自己天分的工作；或是也許你做得太好了，因此對你的上司構成了威脅，說不定他還會解雇你。

但被解雇在職場裡是福不是禍，你要知道，這個結果就代表你在這個崗位已經待太久，離開了這份工作，前面一定有更好的工作正在等著你。

我想告訴你，選擇自己喜歡、適合的工作，是上班族必要的努力。

同時，也請讓我提醒你，在摸索的過程中，千萬不要氣餒，因為耐心也是考驗一個人能否成功的決定性因素。

找出「亮點」來行銷

每個人專長及條件不盡相同，
有待自己去體會、發掘，
而且亮點也許還不只一種。
只要早日找到屬於自己的「亮點」，
找到自己最迷人的地方，
那就是你在職場最吸引人的地方，
也是最可能成功的地方。

因為過去人力銀行的背景，我深知「工作機會數」的重要。「觀光」，是不會外移的產業，是可以創造內需，增加工作機會的行業，更是無煙囪的產業。

一直以來，我的心願就是想以「行銷人」的身分，協助台灣的觀光。

二〇一〇年八月，我曾多次進出台東。

台東很美，不是我個人的見解。美學大師蔣勳老師在演講中，就說台東是「最接近梵谷畫下之美」的一個地方。

嚴長壽先生也已經長住台東，想替台東的觀光盡一分力量。

大師的話，大師的行動，也感召了我。

的確，如果從地理位置或氣候來看，台東跟大溪地、夏威夷一樣，都有很類似的觀光條件；而一大片的金針花海，直逼普羅旺斯的薰衣草之美。

誰說台東不能成為一個觀光聖地呢？

但是，要推展台東觀光，也絕不是一件容易的事。台東工作機會不多，年輕人大多外移了，光是人才就不多；而且，縱然台東有很多先天優勢，但如果沒有「找到吸引他人的元素」，然後把它表現出來，也無法輕易的說服他人買單。

我認為，不管是個人、商品、城鄉……要努力「讓他人了解到本身的價值」，都是一件值得努力的事。

那麼，究竟要如何開始呢？

我覺得，第一步，就是要找到「亮點」。

以台東為例，大家普遍認知的台東，就是好山、好水、再加上「好無聊」。沒有行銷，好山好水也成了好無聊。

但是你仔細想想，其實，如果大溪地、夏威夷這些觀光聖地，若沒有經過包裝跟再生，把它們的亮點突顯，照樣也會是一個「好無聊」的地方。

那麼該怎麼做，要怎麼找台東的亮點呢？

舉例來說，大家都不知道，台灣有兩千多種藥草，其中有一千兩百種，就是生長在台東。

那麼台東應該怎麼運用「藥草」，使它成為觀光的魅力元素呢？

我在台東的「原生應用植物園」裡，看到的絕佳的觀光「亮點」示範。「原生應用植物園」的一大片園林，整理的非常乾淨漂亮。據說園中的一百位員工，每人都認養一塊地區照顧，這讓此地有了絕佳的園林之美。漂亮的園林，還有專業的導覽人員，跟遊客說明一株一株藥草的運用，及有機會可以觸摸、嗅聞藥草的香氣，這是滿難得的體驗。

當天，我在園裡就聞到三種不同的薄荷香，在藍天碧草的擁抱中，感覺非常奇妙。

這是視覺、嗅覺的體驗，以及知識的收穫，讓遊客願意花錢的「體驗」，就是一種「體驗經濟」。

藥草除了可以看，當然還可以吃。逛累了，就享用一頓在台北絕對吃不到，最新鮮的藥草火鍋大餐。

另外雷公根、紅地瓜葉、春椿等等十幾種藥草，還要一次吃一種才夠道地。當然也有新鮮的肉和魚丸，台東也有牧場和漁業，不過這不是重點。

吃完藥草火鍋，還有藥草蛋糕、藥草咖啡、藥草茶等，不但好吃而且對身體很好，吃完通體舒暢，豈不妙哉？

我相信冬天再來吃，感覺一定更棒。

吃完藥草火鍋，就到另一頭美麗的庭院走走。近距離看到幾隻駝鳥，臉傻傻的，大大的身體，好好玩。

遠距離還可以看到許多羊，配上一望無際的草原和蔚藍的天，再喝杯咖啡，感覺真不錯。

走到魚池邊，還有餵魚的地方，看見鯉魚游來游去，順便餵餵魚，這是都市人難得的悠閒樂趣。

最後走進「原生應用植物園」賣場，哇！兩百多種藥草產品，吃的、用的、敷臉美白的、治酸痛的、防蚊的、保肝的等等，藥草的用途還真多啊！

這些產品的包裝優雅，感覺上產品也很好；不知不覺，我口袋裡的五千大洋就去了。

誰說台東好無聊？其實，只是你沒找到亮點。

「藥草」就是台東的許多亮點之一，只是看你怎麼去經營它、包裝它。「原生應用植物園」就有了很好的示範。

另外，台東有一大片的金針花海，我久聞其名，但這回專程去了一趟，才領悟到花海之美。

而且，我是坐著越野的「大馬力車」在山裡穿梭，當天細雨打在身上，搭配「大馬力車」的野性，著實過癮。

「大馬力車」是有著超大輪子的越野車，在台東的山間鑽來鑽去，很刺激！然後，我們看到一大片的金針花海，場面好驚人，每個人都趕快拿出相機猛拍。

如果這是台東「山」的樂趣；那麼金針花海及越野車，就可以說是台東「山」的亮點。

除了「山」的亮點，來到台東，當然也不能忘記「海」的樂趣。

台東的杉原護漁區，魚與人有良好的互動。

導遊先給我們一些白吐司，然後，白吐司泡在淺淺的海裡，就有數百隻魚游過來吃，一點都不怕人。

因為完全是僅有五十公分深的近距離，我還看到了黃金鰻從我腳邊游，誰說只有國外才有這種樂趣呢？

傍晚時，又到沙灘上捕太平洋蟳蟹。

我們先把一隻一隻切好的烏賊用竹籤串好，深深插在沙裡，然後看著海浪打過來，這時候就可以邊看海浪、邊看太陽西下，腳踩著粗粗的沙子腳底按摩，拍拍照玩玩水。

不到半小時，貪吃的蟬蟹就上鉤了。我們拍拍照，又把蟬蟹還給大海。除了視覺、聽覺（聽浪聲）的體驗之外，又多了沙子、蟬蟹、海水的觸感。一鬆手，蟬蟹們一溜煙就溜回大海，跑得好快，真的很可愛呢！

台東的海很美很乾淨，海的「生物、生態」，都可以是觀光的亮點。因為有跟生態互動的經歷，我覺得台東的海更加迷人了。

另外，「音樂」也可以是台東的亮點。

我看過一張照片，是在台東的農田上，架起了木頭台子，把鋼琴搬上去，由鋼琴家陳冠宇先生在田野間演奏。

雖然我不知道陳冠宇先生當天演奏了什麼曲子，但是光是看到照片，就讓我悠然神往。

這時我不禁想到梵谷的畫，再加上「starring night」的音樂在腦中響起。

台東本身也有很多音樂家及極棒的歌手，例如胡德夫及巨星張惠妹，就是來自台東。其他當地的「傳奇人物」，也可以是觀光的亮點。

這一切台東的好山、好水、好空氣，也可以藉由推廣台東好幾個綠油油的自行車道，讓更多人有機會可以在台東騎自行車。

如果前一晚已到台東，一早先看看太麻里的日出，然後到森林公園騎騎車，並呼吸芬多精，豈不愜意？

另外，台東的農作物也是亮點。

關山米及池上便當，是我喜愛的食物，鳳梨釋迦更是一絕。洛神花美豔如洛神，滋味酸甜可口。

台東的許多農產品，只要好好包裝，一定可以深獲消費者喜愛，並且為當地創造龐大商機。

原來台東已經擁有這麼多的「亮點」，還有溫泉，還有深海咖啡，還有迷人的手工藝品，原來台東的觀光，竟有這麼大的潛力。

看到「亮點」，再加上創意的元素，附予新的生命，宣傳它、行銷它、讓更多人看到並感受它，就有更多的口碑行銷，能讓更多人體會它並愛上它。

這就是融合新舊、創新、再生的概念，讓它有新的生命力出現。

其實大至「推廣一個地方」、小至「個人的自我行銷」，我認為都是一樣的道理。

找到你的「亮點」，並發揚它，就有很多的機會及希望。

我相信每上班族都有自己「強項」的地方，那就是你最該去經營、改進、並彰顯的「亮點」。

例如，有人美術天分好，有人企劃能力強，有人口才好，有人貼心願意服務他人。

每個人專長及條件不盡相同，有待自己去體會、發掘，而且亮點也許還不只一種。

只要早日找到屬於自己的「亮點」，找到自己最迷人的地方，那就是你在工作職場最吸引人的地方，也是最可能成功的地方。

然後，透過溝通，讓你的「亮點」被看見、被相信，你就有可能因此而發光發熱，並成就自己的工作及事業。

老祖宗的智慧

由於經濟不景氣，
更多人選擇「門檻較低」的工作。
不過，遲早你會發現，
「門檻較低」的工作，
因為競爭者特別多，
反而更難獲得。

我有個同學家境非常好，父母疼愛，長得漂亮；而且她還是個善良溫柔的人。畢業後，她如願以償的和喜歡的人結婚，她的人生，看起來真是完美極了。

雖然她的客觀條件，以及父母贈予的財富令人羨慕，但畢業後每每和她相處，我總覺得她精神生活上好像空空的，很不踏實。

一直到她過世之前，我都不曾感覺她因為她的財富而真正的開心過。

我曾經想過，如果她的財富沒有多到剝奪了她的工作需求，她應該會忙一點，也許她對自己的價值感會更高。

如果她需要工作來養活自己，也許就不會因為要填補生活的空檔，而冒險做了一件危及她生命的事，留下許多遺憾給愛她的人。

講到錢財，想想中國人的老祖宗造字的哲學，真的很有智慧。

以大家最重視的「財」這個字，左邊是一個「貝」，是古代的貨幣；右邊是「才」，是天賦才能的意思。

也就是說，我們的老祖宗認為所謂的「生財之道」，應該不僅僅是為五斗米折腰，而是懂得發揮自己的天賦才能來創造財富。

但往往現代人選擇工作的標準，卻是以薪水的高低來評估，或是選擇感到安全的保障。

現在由於經濟不景氣，於是更多人傾向於選擇「門檻較低」的工作。

不過，遲早你會發現，光是薪水高的工作，仍然無法讓你快樂。那些所謂工作的安全保障，到最後你會發現，也只是假象而已。

如果你選擇的是「門檻較低」的工作，因為競爭者特別多，那些進入門檻低、不怎樣好的工作，反而更難獲得。

所以，不管你選擇工作是哪個方向的考量，除非這份工作與你的才華吻合，否則你將失去熱情。你整天懶洋洋的在做著這份工作，你也不可能創造真正的高報酬。

我們再來看看「錢」這個字。

「錢」的左邊是「金」，是有價值的東西；「錢」的右邊，卻是兩個「戈」。

第一個「戈」，代表人為了生存，為了獲得有價值的東西，一定要進行對外的戰鬥。

第二個「戈」，是人們為了追求財富，要進行內在的搏鬥，你是否也有心追求高報酬？

「戈」老祖宗用造字告訴我們，你要得到錢，必須進行對外、對內的戰鬥。

「戈」如果你要擁有高報酬，最重要的是：選擇屬於你的戰場。別在金字塔底層（低門檻區）進行戰鬥，那裡實在太擁擠了。

「窮」這個字也很有趣。

這是一個人弓著身體，窩在洞穴裡，就像為五斗米折腰一樣。

如果只為五斗米折腰，就算物質生活還過得去，心裡也無法得到滿足。

所以，早點找到自己的天賦才能，再以這樣的才能，做為你職場的利器。

這是老祖宗強烈想告訴我們的事：以天賦才能工作，加上戰鬥及努力，將會獲得最大的報酬。

有效率工作的秘訣

「小題大作」的意思，
是面臨一個問題時，
我不以解決當下的問題為滿足，
反而想得更深、做得更廣，
把事情做大，然後，
把素材同時運用在不同的地方。

以前在一〇四上班時，我常常被媒體，甚至聽演講的人問到：

「你怎麼可能有時間『同時』做這麼多的事情？」

的確，在那家公司長達十一年的時間，我不只是帶行銷、公關、設計部門主管，我的最重要工作KPI（工作最主要的績效指標），就是以「知識性」行銷，替公司「創造媒體曝光」。

為什麼是以「知識性」行銷為起點呢？

因為，人力銀行的產品是線上的「虛擬服務」，很難用一般有畫面、有形體的廣告行銷手法來操作。這時候，「知識性」行銷，是個最好的方法。

當然，以此替公司「創造媒體曝光」，公司就可以省下大筆的行銷費用。

在此之前，公司的行銷費用很少，但知名度一直遙遙領先同業，顯然這個「知識性」行銷的方法是奏效的。

「知識性」行銷是把商品訊息，置入在大眾資訊中，閱聽者在不知不覺中，接受了企業要傳遞的訊息，他的影響力甚至勝過廣告。

另外我的工作，還包括製作電視廣告、廣播、電子報、網站內容，校園徵才等等。

連續六年，我的手上隨時有五個左右的報章雜誌專欄要寫，一年平均出兩本書，每個月要開兩次以上的記者會，也必須受邀到電視、廣播發言，經常要受訪，或到學校演講等等。

回頭想想，以「知識性」行銷公司產品，也實在很忙。

在製造大量的「知識性」行銷內容時，我的工作中最困難的部分，一個是「素材」的發想，一個是「體力」的負擔，以及「時間」的調配。

不過，這一切看起來雖然很複雜，其實也沒這麼難。而且，說出來也就不稀奇了。

過去我可以同時完成那麼多的工作，其中一個最大的秘訣，就是要「小題大作」。

「小題大作」的意思，是面臨一個問題時，我不以解決當下的問題為滿足，反而想得更深、做得更廣，把事情做大，然後，把素材同時運用在不同的地方。

例如說，以我每日最費心的事「素材的發想」來談，其實，素材可以來自於外界的刺激。

過去，由於在人力銀行上班，每天都有媒體記者丟一些職場問題過來，因為截稿的壓力，記者往往要求我們「立即」或「儘快」回答。

雖然「立即」或「儘快」回答媒體記者的要求及詢問，對公關人員很有壓力；但記者是新聞的最前線堅兵，我認為他們的問題，通常都很有價值。

我想，一般企業公關人員的作法，可能是以「最快的時間」，回答記者的問題就算結案了。

其實如果公關人員能這樣做，只要在時間壓力下給了答案，媒體也已經很高興，公關人員也算完成了任務。

不過，我的作法會是：

一、當然還是要以「最快的時間」回答才行

因為對方要截稿了，速度絕對是一種貼心。如果不能在「時間內」提供內容及答案，等於放棄了一次曝光機會。

二、再「想深一點、想廣一點」

回答記者後，等我靜下心來，我一定會再「想深一點、想廣一點」，想想記者問我的這個題目，有沒有延伸的議題可以談呢？

我通常會再次思考擴大的可能性，然後透過統計部門跑更多的資料，做延伸的討論。

三、追著這條新聞發新聞稿

等該記者發稿後，我再以延伸的討論，追著這條新聞發新聞稿，通常，就可以幫公司引發更多的媒體曝光。

這是「小題大作」的例子。那到底有什麼好處呢？

乍看之下，好像只是給自己增加了工作、找了麻煩；但若以結果論，絕對不是這樣的。

因為除了應付了媒體的需要，之後有了更深入的研究，且在時效內寫出言之成理的文章，不只因為再發了新聞稿，達成更多的媒體曝光以達成我的KPI工作指標，更因此有了許多「受訪」的機會。

這樣做幫公司爭取更多的新聞露出，因此公司可以省下更多的廣告費。另外那些發稿的文字，也可以運用在我的專欄上，而且專欄文章到達一定的量之後，就可以集結成冊變成書。成書以後，又會有廣播的採訪，達到更多的媒體曝光。

這樣一連串的的媒體曝光，可說是資訊的「再運用」。我的公關操作秘密，說出來就不值錢啦！

表面上「小題大作」好像增加了工作，其實，這是把幾個工作一起完成。就是以最精簡的方法，同時把幾件事做完。

談話內容「素材」的發想及延伸是最難的，但是只要「小題大作」，一次做足，就可以多方運用。

因為一次做完，之後我的「體力」負擔也減少，個人「時間」的調配，也變的容易許多。

當然，我「效率工作」秘訣不止於此。

這麼多年來，我深深的體會到，培養幫手，也是創造效率很必要的過程。

剛升上小主管時，我曾有個錯覺，以為甚麼事都是我做的最好、最快。我曾經不放心把事情交給別人，覺得「自己來」又快又不會出錯。

不過，這樣想會讓自己永遠卡在工作中，沒辦法有休息的機會，精神也變得很焦慮。這樣下去，只會讓我的工作變得無趣且無效率。

後來，我勉強自己去信任部屬，勉強把事情分出去，把部分緊緊握住的工作交給他們。一開始，我必須忍受他們的速度不夠快及錯誤的發生，但我明白這是訓練過程的代價。

要耐心等候，只要他們上手，且從中得到成就感，讓他們專注於少數的事，比我更專心，就會做得比我好。

所以，「效率工作」的秘訣，還包括培養接班人手。之前一定要經過選擇、招募適當的人才，之後給予訓練及信任，是必要的過程。

耐心，是培養接班人手必須付出的代價，但是，非常值得。

另外，多利用「網路」，也是一種技巧。

「網路」上有大量免費但經過整理的資訊，只要願意使用，可以省下大量的時間及金錢。對於經常要使用的資訊，不妨可以依賴且熟悉一些特定網站的服務。

就像找工作，從人力銀行「產業分類」或「職務分類」來研究工作機會，有助於鎖定正確目標。

「鎖定正確目標」，才是求職最佳效率途徑。

用外力限制自己，也是我慣用的「效率工作」手法。

舉例來說，出版社的合約，有時間的限制，就會讓我在假日時，克服想出去玩樂的欲望，會有一定進度，一步一步的完成工作。

寫專欄也是一樣，有外力的限制，特別是時間限制，往往會比較容易達成工作成就。

即使我是一個工作效率上可以自我管理的人，還是必須有「外力」來幫助我。這種方法有點痛苦，但當事情在限制內做出來了，其實成就感也很大。

最後，要提醒所有上班族的就是，每個四十歲的上班族，平均都會遇到三次轉換工作與十次轉換職位。非自願的調動與被迫離職，早已成了職場常態。

每一個上班族也都該有危機意識，職場裡危機重重，懂得行銷自己的上班族，就像擁有免死金牌一樣。

無論如何，時時刻刻不忘「行銷自己」，因為自己行銷自己的時代來臨了。

國家圖書館出版品預行編目資料

行銷自己 / 邱文仁 -- 臺北市 :
文經社, 2011. 03 面 ; 公分. --（文經文庫 : 272）
ISBN 978-957-663-640-0 (平裝)

1. 職場成功法

494.35　　100004465

文經社

文經文庫 272

行銷自己

著 作 人 — 邱文仁　**文字整理** — 管仁健
發 行 人 — 趙元美
社　　長 — 吳榮斌
主　　編 — 管仁健
美術設計 — 劉玲珠
出 版 者 — 文經出版社有限公司
登 記 證 — 新聞局局版台業字第2424號
＜總社・編輯部＞：
社　　址 — 104 台北市建國北路二段66號11樓之一（文經大樓）
電　　話 — （02）2517-6688（代表號）
傳　　真 — （02）2515-3368
E-mail — cosmax.pub@msa.hinet.net
＜業務部＞：
地　　址 — 241 新北市三重區光復路一段61巷27號11樓A（鴻運大樓）
電　　話 — （02）2278-2563
傳　　真 — （02）2278-3168
E-mail — cosmax27@ms76.hinet.net
郵撥帳號 — 05088806文經出版社有限公司
新加坡總代理 — Novum Organum Publishing House Pte Ltd.　TEL:65-6462-6141
馬來西亞總代理 — Novum Organum Publishing House (M) Sdn. Bhd.　TEL:603-9179-6333
印 刷 所 — 松霖彩色印刷事業有限公司
法律顧問 — 鄭玉燦律師（02）2915-5229
發 行 日 — 2011年 4 月 第一版 第 1 刷
　　　　　　　 4 月　　　　 第 2 刷

定價 / 新台幣 220 元　　Printed in Taiwan